高职高专跨境电子商务专业系列教材

Wish平台操作实训教程

主　编　姜继红　崔立标　章雁峰

副主编　胡岳辉　欧阳驹　余昌彬　杨　芬

参　编　申　宁　俞　乔　傅　阳　张旭捷

主　审　杨成青

西安电子科技大学出版社

内容简介

本书是一本围绕跨境平台 Wish 运营展开的集文本、PPT 和视频三位于一体的立体化实训教材。全书分为九个实践操作(相当于九个项目)，即平台注册、数据分析选品、产品上架、产品管理、运营管理、订单处理、跨境物流与配送、跨境收款和关系管理。每个实践操作又主要分三部分：操作指南、知识链接和专业术语。操作指南主要介绍平台日常运营基本操作技能，采用图片及视频相结合的方式呈现；知识链接主要介绍实践操作中涉及的跨境电子商务相关理论知识及 Wish 平台规则与政策；专业术语主要介绍平台界面出现的英文表述及对应的中文意思。除此之外，本书有四个附录，即 Wish 平台规则与政策、国际区号表、Wish 到达的国家和地区以及服装类专业术语的中英文对照。附录对于初学者有着实际的参考价值，初学者可以在实际运营中根据情况选用。

本书可以作为普通高职类、成人培训类跨境电子商务专业的教材，也可以作为对跨境电商感兴趣的人员的学习参考书。

图书在版编目(CIP)数据

Wish 平台操作实训教程 / 姜继红，崔立标，章雁峰主编. —西安：西安电子科技大学出版社，2020.7
ISBN 978-7-5606-5702-8

Ⅰ. ① W… Ⅱ. ① 姜… ② 崔… ③ 章… Ⅲ. ① 电子商务—运营管理—高等职业教育—教材
Ⅳ. ① F713.365.2

中国版本图书馆 CIP 数据核字(2020)第 083163 号

策划编辑 刘小莉
责任编辑 马 凡 雷鸿俊
出版发行 西安电子科技大学出版社(西安市太白南路 2 号)
电 话 (029)88242885 88201467 邮 编 710071
网 址 www.xduph.com 电子邮箱 xdupfxb001@163.com
经 销 新华书店
印刷单位 咸阳华盛印务有限责任公司
版 次 2020 年 7 月第 1 版 2020 年 7 月第 1 次印刷
开 本 787 毫米×1092 毫米 1/16 印 张 12
字 数 188 千字
印 数 1～3000 册
定 价 38.00 元
ISBN 978-7-5606-5702-8 / F

XDUP 6004001-1

序

Wish 平台操作实训是高校跨境电子商务专业的必修课程，是针对普通高等职业院校、成人培训学校、应用型本科院校的学生及其他跨境电子商务学习者的需要进行编写的。书中介绍了一些国家对跨境电商平台的新政策，对现实 Wish 平台的具体操作进行细致讲解，注重平台操作能力的培养。

本书是浙江长征职业技术学院“十三五”第一批校级教学改革研究项目“基于 Wish 平台的创业实践教学研究”(2018 年项目编号：jg20180914)的研究成果和 2018 年浙江长征职业技术学院“十三五”校级第二批新形态立体化教材建设项目。本书的编写组结合浙江省教育厅产教融合、校企合作等重点工作，针对校企协同、现代学徒制、“三创”教育、“三全育人”(即全员育人、全过程育人、全方位育人)等教育教学和人才培养领域的关键环节，以成立自己的公司为主线，以项目化为特色，以任务完成为目标，将 Wish 平台操作知识讲解与能力实操有效结合。

本书通过使用移动互联网技术，以嵌入二维码的纸质教材为载体，同时嵌入视频、音频、作业、拓展资源等数字资源，将教材、课堂、教学资源三者融合，为使用者打造新形态教材，实现线上线下学习的新模式。

杨成青

2020 年 4 月

前　言

跨境电子商务(跨境电商)是践行习近平主席2013年秋天提出的共建“一带一路”合作倡议，加强国际经济合作的有效途径。随着跨境电商综合试验区的全国布局，跨境电商迎来了前所未有的快速发展，市场对跨境电商人才的需求越来越大。高职院校任重道远，亟需培养一批精于跨境电商平台规则与操作的技能型人才，以满足市场需求并早日实现人类经济命运共同体。

跨境电子商务是《普通高等学校高等职业教育(专科)专业目录》2019年增补的专业，自2020年起执行。跨境电子商务专业主要培养德、智、体、美、劳全面发展，具有良好职业道德和人文素养，掌握跨境电子商务领域相关专业理论知识，具备跨境电子商务网络营销、活动策划、平台运营等能力，从事跨境电子商务平台运营及数据分析、视觉营销、网络客服等工作的高素质技术技能人才。人才培养目标的实现最终落脚点在于课程建设，作为一门操作性极强的课程，准确把握课堂理论教学与平台操作实践教学工学结合的平衡点是建设好这门课程的关键。课程建设的难点在于选择一本合适的教材。教材实践教学部分必须与工作任务高度契合，才能缩短人才从业适应期。两者契合度高，人才从业适应期短，生产力转化能力强；契合度低，人才职场流动性大，职场体验感弱，人才培养产出与投入比值小，造成公共教育资源的浪费。纵览跨境电子商务教材市场，大致可以分为两类，一类是高职学院教师编写的教材，另一类是跨境平台企业编写的平台操作指南。学院类教材理论性强，教材体例系统性强，知识概念多，操作性不强。企业类教材平台规则繁琐，对于初学者来讲很难抓住重点，更不适合课堂教学。

基于以上几点考虑，在“理实一体、工学结合”思想指导下，在立足实践教学，深入研究跨境电商平台操作理论教学，切实分析跨境电商平台创业实践可行性的基础上，我们编写了本书。Wish为全球最大的手机移动端电商平台，具有开店门槛低、操作灵活、出单快、适合宅创业等特点。Wish客户端买家多为时尚的年轻人，与学生年纪相仿，所以对学生来讲，使用Wish更容易成功，因为买卖双方几乎不存在选品代沟。在参考了Wish电商学院《Wish官方运营手册：开启移动跨境电商之路》一书之后，浙江长征职业技术学院联合浙江育英职业技术学院、杭州赢动电商学院、杭州赢动教育咨询有限公司、杭州迪业电子商务有限公司等单位组织力量编写了本书。

本书按照新形态立体化教材要求编写，文本与视频、PPT演示三位一体，既适合高职课堂教学，也适合初学者自学，内容浅显易懂，操作容易上手。本书根据项目教学要求，让学生从Wish平台基本业务操作技能入手，掌握跨境店铺注册操作，跨境物流与海外仓操作，海外市场调研操作，跨境选品和产品信息化操作，跨境产品定价、刊登和发布操作，跨境店铺优化及推广操作，接订单、发货、出境报检报关操作，收款、售后服务及客户维护操作等一系列跨境平台业务操作基本能力，从而培养学生踏实肯干、吃苦耐劳的工作作风以及善于沟通和团队合作的工作品质，为学生走上跨境电商工作岗位和跨境电商创业打下坚实的基础。

本书为浙江长征职业技术学院“十三五”第一批校级教学改革研究项目“基于 Wish 平台的创业实践教学研究”(2018 年项目编号：jg20180914)的研究成果和 2018 年浙江长征职业技术学院“十三五”校级第二批新形态立体化教材建设项目。本书从第一稿到出版，历时两年多。由于平台规则不断推陈出新，有些政策可能已经过期，截至出版前半年，编者根据 2020 年 2 月最新的平台规则与政策将书中部分操作内容进行了更新，但是依然保留了最原始的商户规则和条款。Wish 公司开发了“沙盒 Wish 商户平台”(网址为 https://sandbox.merchant.wish.com/welcome)，供商户模拟操作。

特别感谢浙江长征职业技术学院的杨成青教授为本书写序。杭州赢动教育咨询有限公司的崔立标总经理和浙江育英职业技术学院商务贸易分院跨境电商专业教研室章雁峰主任担任本书主编。本书共九章操作内容，崔立标编写实践操作一，章雁峰编写实践操作二和九，胡岳辉、余昌彬(福建农业职业技术学院)编写实践操作三，欧阳驹、杨芬编写实践操作四，申宁、俞乔编写实践操作五，傅阳、张旭捷编写实践操作六，姜继红编写实践操作七、八以及附录并负责整体规划及统稿工作。感谢所有参编的同行与企业朋友的友情赞助。

由于经验不足，本书难免会有疏漏，不足之处还请广大读者批评指正，我们将在再版时进行修订。

姜继红

2020 年 4 月 5 日于杭州

目　录

实践操作一　平 台 注 册

实践目标

能 力 目 标	知 识 目 标
能为 Wish 平台店铺注册准备相应材料和基本信息 能完成 Wish 平台店铺注册并获得平台认可通过	了解 Wish 平台特点 熟悉 Wish 平台店铺注册规定和要求 熟悉 Wish 平台店铺注册流程及实名认证操作

操作任务

杭州远创电子商务有限公司运营专员张越准备为公司在跨境移动电商平台 Wish 上分别以个人和公司两种身份申请两家 Wish 店铺。

任务一：以杭州远创电子商务有限公司身份注册 Wish 店铺。

任务二：以张越个人身份注册 Wish 店铺。

操作指南

1. 准备材料

1) 个人注册需要准备的材料

(1) 个人电子邮箱。

(2) 个人手持身份证原件和 A4 白纸所拍摄的彩色照片，要以办公场所为背景。

视频 1-1　平台注册

(3) 个人银行账号。

2) 公司注册需要准备的材料

(1) 公司或个人邮箱。

(2) 公司营业执照的彩色照片，照片要求清晰、完整且不经过任何后期处理(小于 3 MB)。

(3) 公司法人代表手持身份证原件和 A4 白纸以办公场所为背景拍摄的彩色照片。

2．注册流程及实名认证操作

适用 PC 端的操作系统有 Windows XP、Windows 7、Windows 10，使用 Google、360 极速浏览器、2345 加速浏览器 8.8 等实现操作。

1) 注册操作

(1) 登录 china-merchant.wish.com，进入 Wish 商户平台注册页面，单击“立即开店”按钮，如图 1-1 所示。

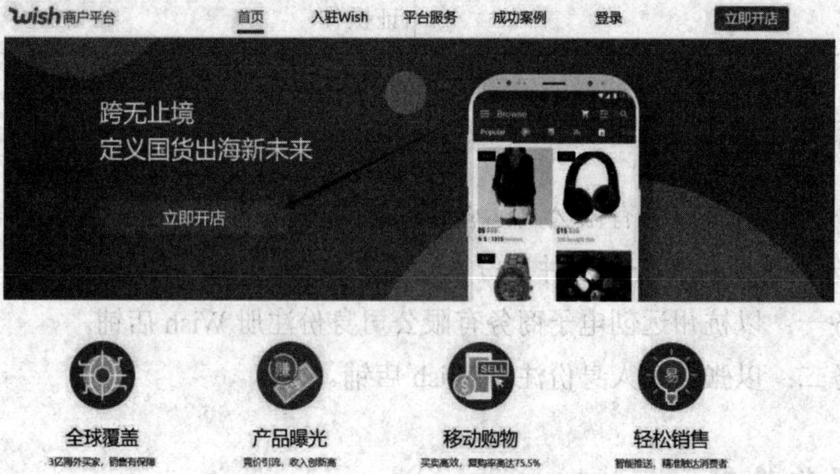

图 1-1　Wish 商户平台注册界面

(2) 进入“开始创建您的 Wish 店铺”页面。在页面右上角语言栏中选择“中文”；输入注册邮箱(常用 QQ 邮箱)，此注册邮箱即为登录账户的用户名；输入登录密码，密码不少于 7 个字符，包含字母、数字和符号，如“beginning180112@uk”；再次输入登录密码；输入手机号；输入图像验证码，即输入框右边显示的图像验证码；输入手机短信验证码；单击“创建店铺”按钮。创建 Wish 店铺如图 1-2 所示。

图 1-2 创建 Wish 店铺

(3) 进入“Wish 与商户协议”页面，勾选“我已阅读并理解以上所有条款”，再单击“同意已选条款”按钮，如图 1-3 所示。

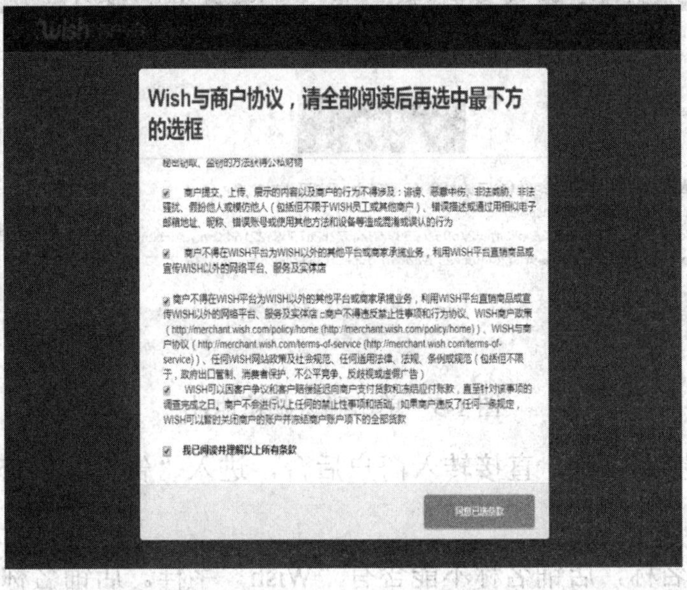

图 1-3 同意 Wish 条款

(4) Wish 将发送验证邮件到注册时使用的邮箱，单击“立即查收邮件”，如

图 1-4 所示。

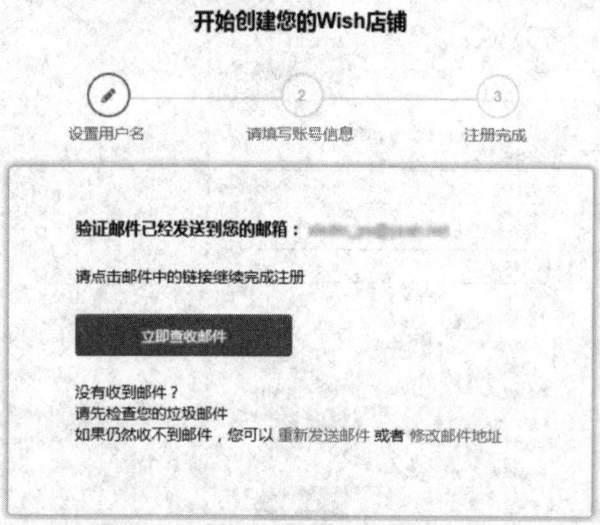

图 1-4　查收邮件

(5) 检查邮箱，收到一封如图 1-5 所示的邮件。单击“确认邮箱”按钮或者URL(网址链接)后会直接跳转到商户后台。

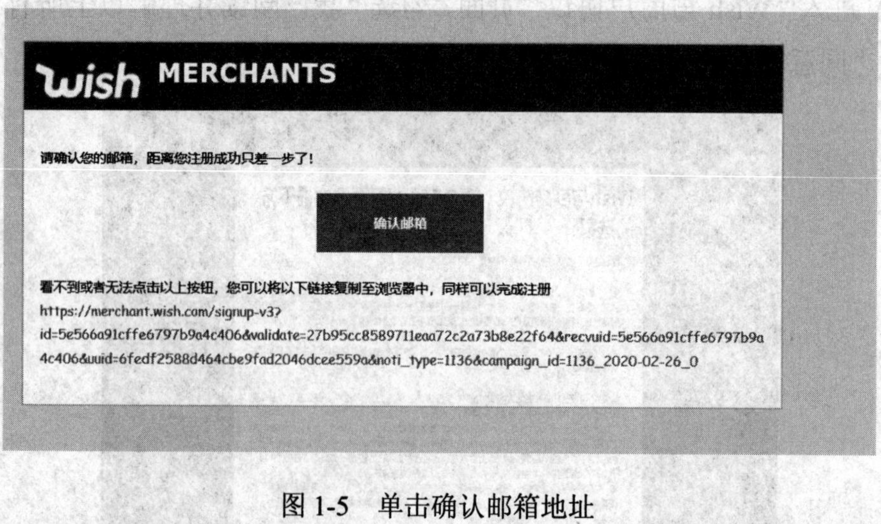

图 1-5　单击确认邮箱地址

(6) 上一步完成后，直接转入商户后台，进入“告诉我们您的更多信息”页面。

输入店铺名称，店铺名称不能含有“Wish”字样。店铺名称一旦确定，将无法更改。然后输入姓氏和名字，以及所在的国家、省份、城市、街道地址以及邮政编码。单击“下一页”按钮继续注册流程，如图 1-6 所示。

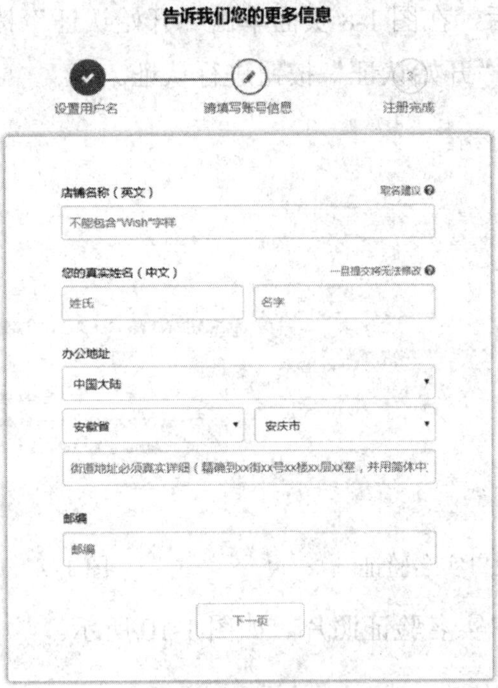

图 1-6　填写相关信息

(7) 进入实名认证页面，如图 1-7 所示。

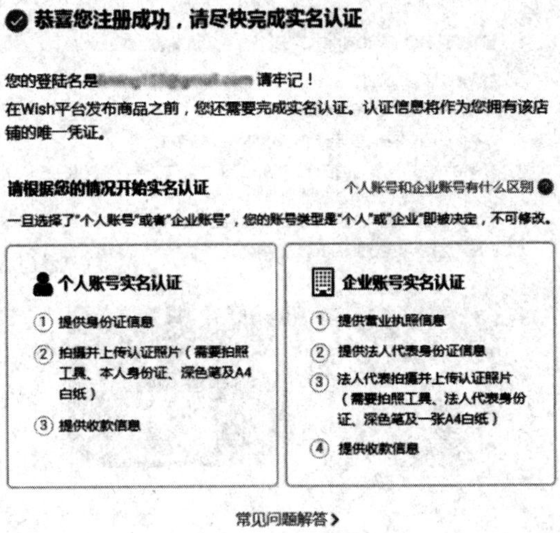

图 1-7　实名认证页面

2) 实名认证操作

(1) 个人实名认证操作。

① 进入“个人账户实名验证”页面，输入个人身份证号，如图 1-8 所示。

② 上一步完成后，在图 1-8 页面单击“开始认证”按钮，进入认证页面，如图 1-9 所示，单击“开始认证”按钮进行认证。

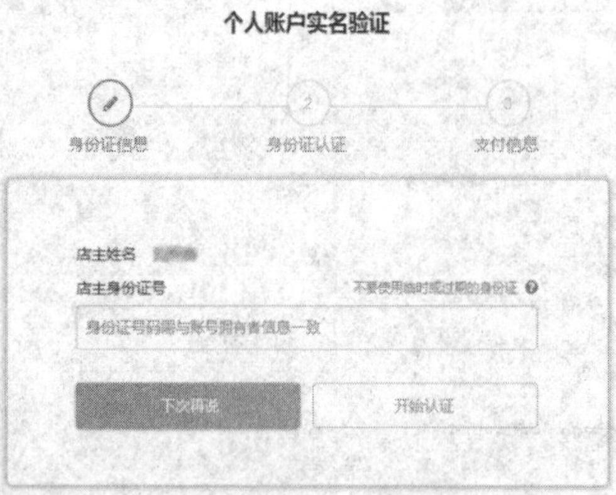

图 1-8 个人账户实名验证

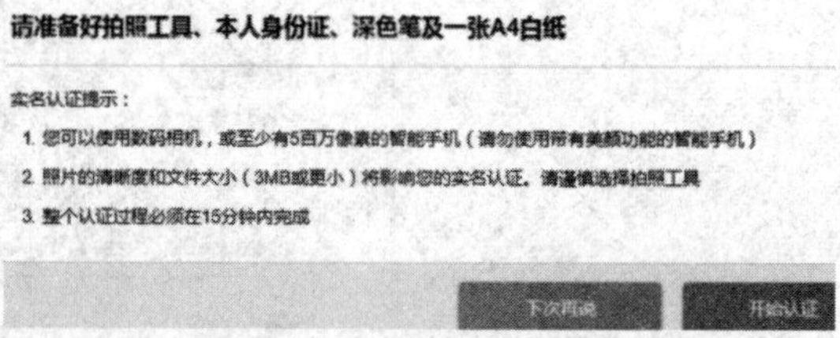

图 1-9 开始认证

③ 上传个人账户实名验证照片，如图 1-10 所示。

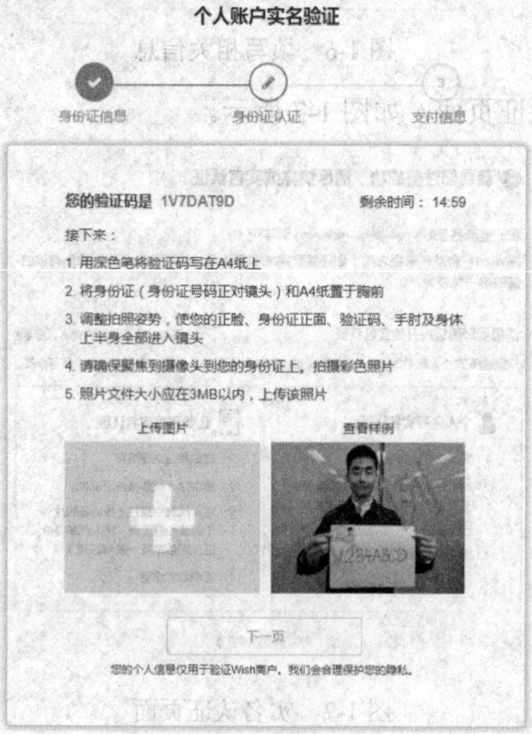

图 1-10 上传认证照片

④ 在图 1-10 中单击“下一页”按钮，进入选择支付平台页面，如图 1-11 所示。

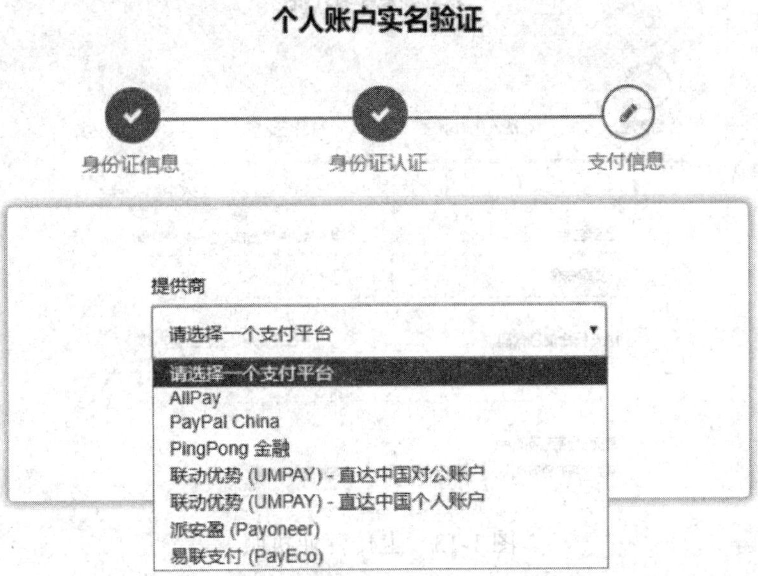

图 1-11　选择支付平台

(2) 公司实名认证操作。

① 进入“企业账号实名认证”页面，上传资料，分别如图 1-12～图 1-16 所示。

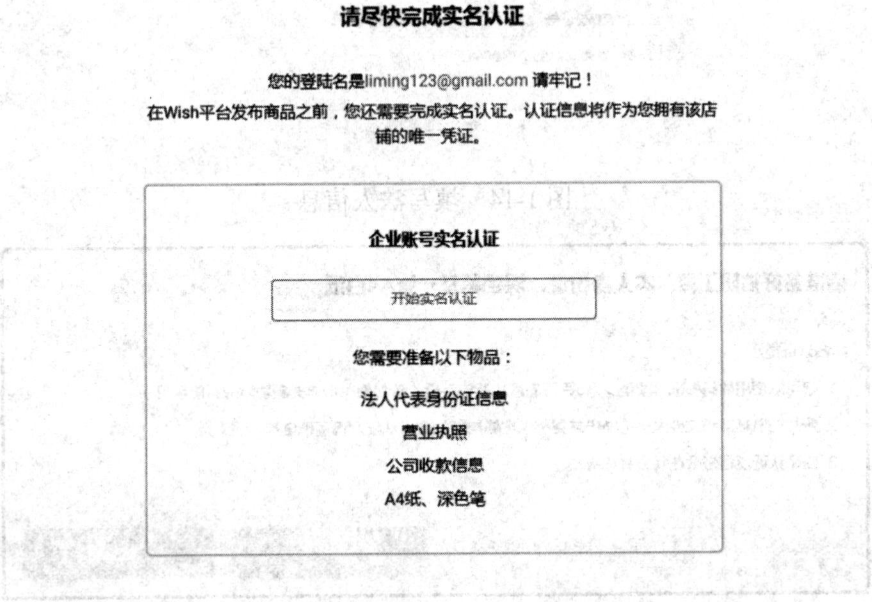

图 1-12　企业账号实名认证

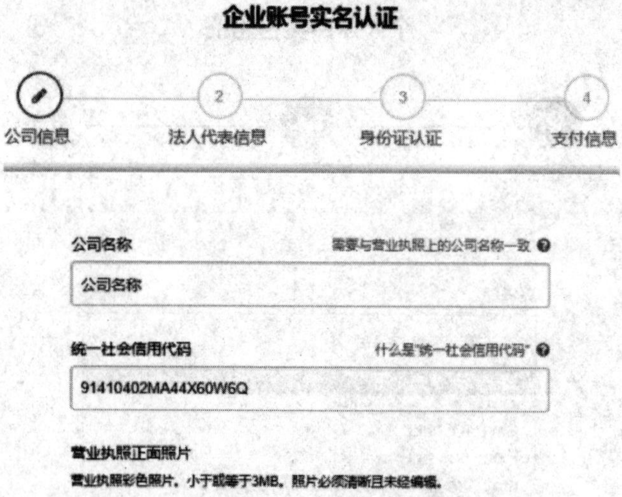

图 1-13　上传营业执照

图 1-14　填写法人信息

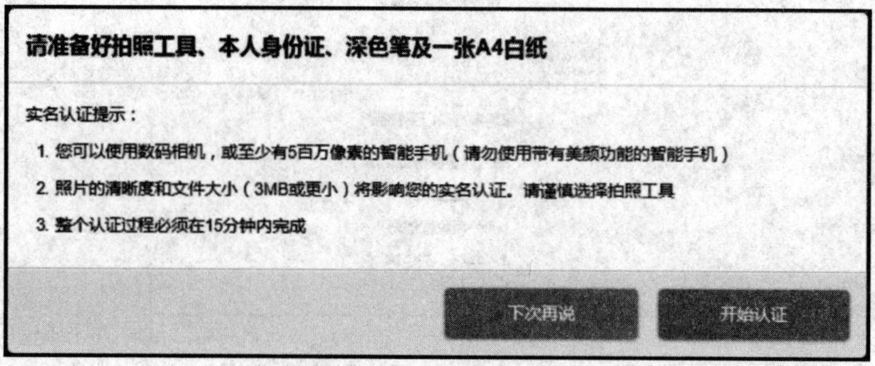

请准备好拍照工具、本人身份证、深色笔及一张A4白纸
实名认证提示：
1. 您可以使用数码相机，或至少有5百万像素的智能手机（请勿使用带有美颜功能的智能手机）
2. 照片的清晰度和文件大小（3MB或更小）将影响您的实名认证。请谨慎选择拍照工具
3. 整个认证过程必须在15分钟内完成
下次再说
开始认证

图 1-15　准备资料

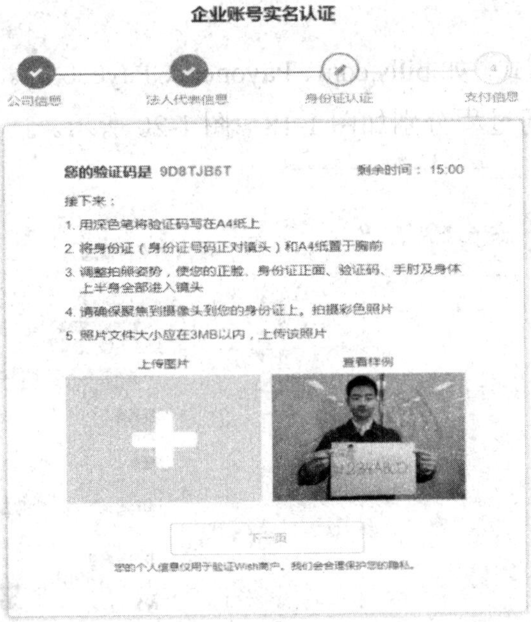

图 1-16　上传验证照片

提 示：

(a) 拍照时应使用数码相机或拍照像素 500 万以上的手机(不要使用美颜功能)。

(b) 照片清晰度和文件大小(3 MB 以内)将影响您的实名认证，请谨慎选择拍照工具。

(c) 整个认证过程需 15 分钟。

② 单击图 1-16 中的“下一页”按钮，进入选择支付平台页面，如图 1-17 所示。

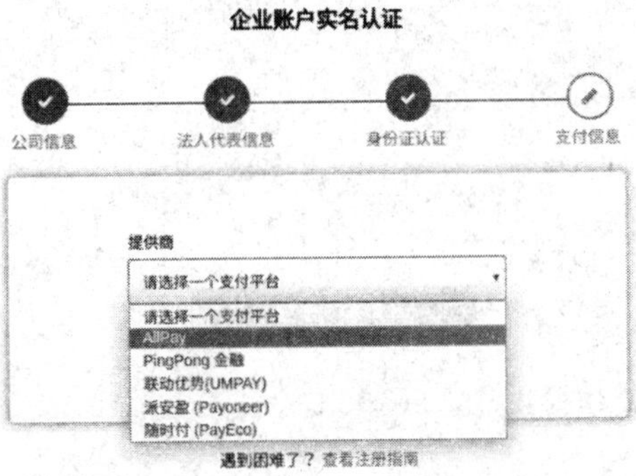

图 1-17　选择支付平台

3) 完成注册

(1) 选择收款方式，如 bills.com、Payoneer、Payeco 等。若使用易联(PayEco)收款方式，则其注册过程分别如图 1-18～图 1-20 所示。

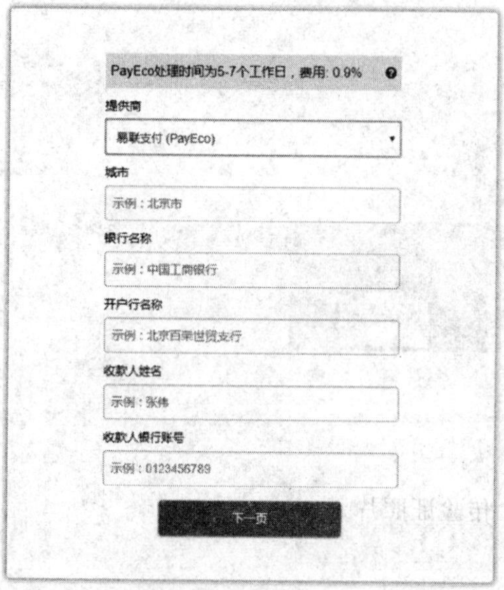

图 1-18　填写收款方式

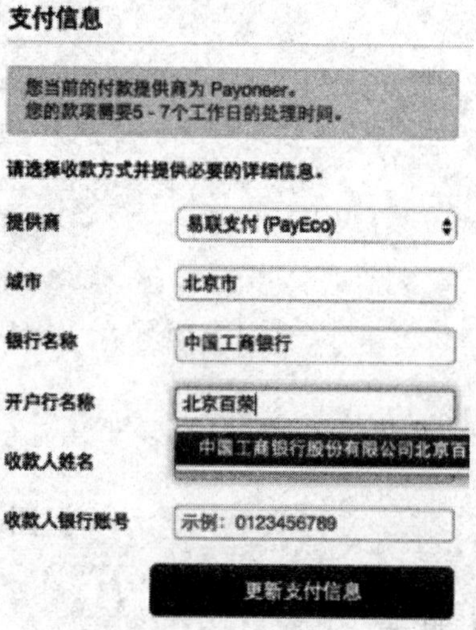

图 1-19　填写支付信息

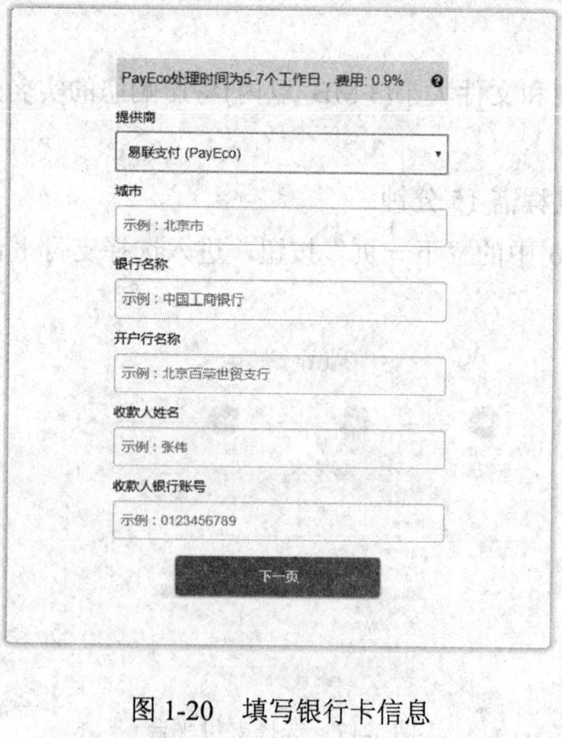

图 1-20　填写银行卡信息

(2) 提交审核后如图 1-21 所示。

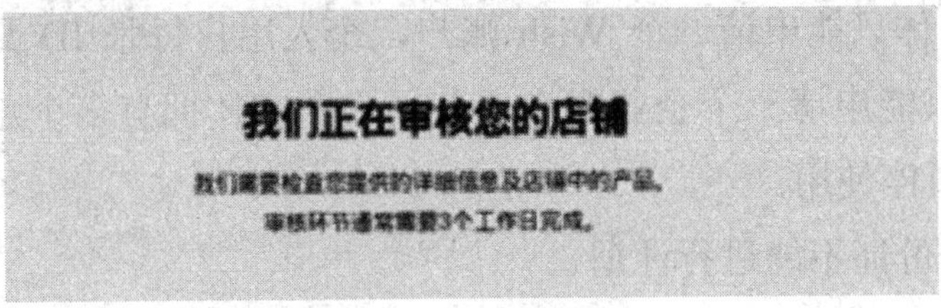

图 1-21　提交审核

(3) 注册成功后，Wish 官方会给邮箱发送通知，如图 1-22 所示。

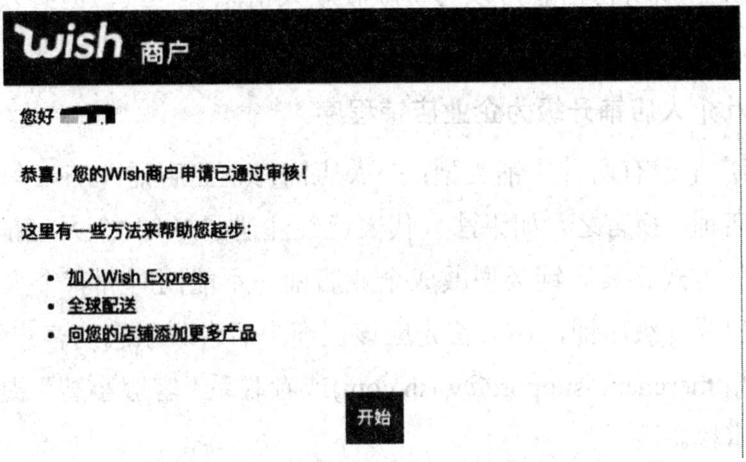

图 1-22　收到注册成功邮件

知识链接

1. Wish 平台认知

Wish 平台来自美国，成立于 2011 年，2013 年正式上线。其前身是一个专注于社交信息沟通的 App，之后转型加入到了电子商务领域，成为一个主打移动端的购物软件。它是一款基于大数据的手机 App。它弱化了传统跨境电商平台的搜索概念，不采取任何收费的流量分布形式。它采用“瀑布流”推送方式，根据用户的 Facebook 历史浏览信息，通过后台数据分析客户的浏览习惯、兴趣爱好，从而向客户推送有针对性的个性化产品，即 Facebook(脸谱) + 推送 = Wish。

2. Wish 账户注册政策

(1) 注册过程中提供的全部信息必须真实、完整和准确，否则会出现注册不成功或者账户被暂停使用的现象。

(2) 每个实体只能申请一个 Wish 账户，个人用户每张 ID 只能申请一个账户，每家公司只能申请一个企业账户，若同一个实体拥有多个账户，则多个账户都有可能被暂停使用。

(3) 临时身份证不能进行注册。

(4) 个体工商户不可以注册企业店铺，个体工商户属于个人商户，应按照个人注册流程申请。

(5) Wish 注册身份信息可以与货款收款人信息不一致，但必须保证能准确收款。

3．Wish 个人店铺升级为企业店铺程序

Wish 商户平台有两种店铺类型：个人店铺与企业店铺。Wish 只允许一个实体注册一个店铺。换言之，如果法人代表已经注册了 Wish 个人店铺，那么他只能通过升级的方式将其店铺类型改成企业店铺，不能同时拥有个人店铺和企业店铺。如果想要升级店铺，那么首先应该在商户后台联系您的客户经理(您后台所显示的邮箱 merchant_support@wish.com)或者联系“客服小智”提交相关资质证明并等待审核。

需提交的资料包括：

(1) 注册邮箱、您的用户名、您的 QQ 号、店铺法人代表姓名、店铺法人身份证号码、公司名称和营业执照注册号。

(2) 营业执照、税务登记证和法人代表本人手持身份证照片(都必须是彩色照片原件，扫描件无效)。香港公司资质上传时，营业执照栏需提供 CR 证书及 NC1(股本和创始人页)照片。其中 CR 证书及 NC1 必须拍摄在同一张照片中。在税务登记证栏提供商业登记证照片。

(3) 若法人与账户原注册人信息不一致，则请另外提供原注册人手持本人身份证及现公司营业执照照片(在一张照片中)。

4．网站成交金额

用户单击立刻购买并确认无误，或者拍卖成功并确认无误(无论用户是否向第三方支付平台付款；或是向第三方支付平台付款成功后用户申请退款成功)，以上两种情况均记入网站成交金额(Gross Merchandise Volume，GMV)。

GMV = 销售额 + 取消订单金额 + 拒收订单金额 + 退货订单金额

从以上公式可以看出 GMV 实际上包含付款部分和未付款部分，包括了取消订单、拒收、退货、刷单等其他虚拟往来项的交易额。

GMV – 客户退款(Customer Returns) – 现金券(Cash Coupons) – 增值税和附加值(VAT and Surcharges) + 运费(Delivery Fees Charged to Customers)= 净网站成交金额(Net GMV)

Net GMV = 净收入(Net Revenue，Merchandise Sales)

或

Net GMV – 第三方平台服务费(Corresponding Payables to 3rd Party Merchants)= 净收入(Net Revenue)

5．CR 证书和 NC1 股本和创始人页

Companies Registry 是中华人民共和国香港特别行政区政府公司注册处。香港 CR 证书相当于工商执照。NC1 是个人或企业在香港注册公司时填写的表格，其中包括股本和创始人页，里面包含了公司的所有信息。

专业术语

Try For Free 免费使用

Login 登录

Username 用户名

Email Address 邮箱地址

Password 密码

Remember Me 记住我

Forgot password? 忘记密码了吗？

Don’t have an account 还没有账户？

Sign Up 注册

Captcha 验证码

Home 首页

Site Map 站点地图

Settings 设置

App 应用程序

Notifications 系统信息

Language 语言

Help 帮助

Account 账户

Logout Now 退出、注销

Terms of Service 服务条款

Wish Merchant Policy 商户政策

System Updates 系统更新

Have a question? 遇到问题了？

操作实践

以个人身份在 Wish 平台注册开店。

实践操作二　数据分析选品

实践目标

能力目标	知识目标
能通过 Wish 买家端进行选品 能使用海鹰数据分析进行选品	了解数据分析的原理 熟悉 Wish、海鹰数据等选品工具操作流程

操作任务

杭州远创电子商务有限公司运营专员张越的 Wish 店铺注册成功，为使店铺所上新产品成为畅销商品，在上新产品之前展开海外市场调研，利用数据分析工具对选品进行分析和筛选。

任务一：利用 Wish 买家端进行选品。

任务二：利用海鹰数据分析进行选品。

操作指南

1．利用 Wish 买家端进行选品

(1) 打开手机，找到 App 应用市场，搜索找到 Wish 移动端 App 下载安装，如图 2-1 所示。

(2) 打开 Wish 买家端进行注册，单击“Create Account”按钮，如图 2-2 所示。

视频 2-1　数据分析选品

图 2-1　Wish 买家端 App

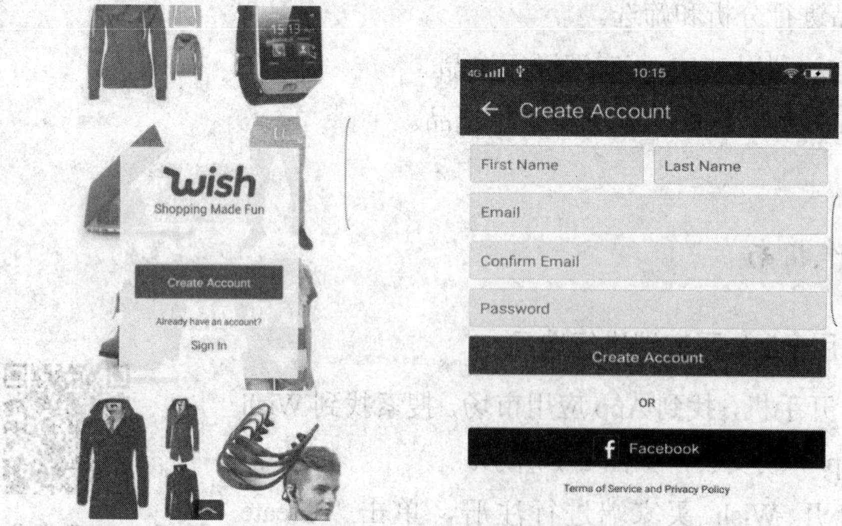

(a) 注册新用户-1　　　　(b) 注册新用户-2

图 2-2　注册新用户

(3) 注册成功后，单击“Sign in”按钮进入浏览页面，分别如图 2-3、图 2-4 所示。

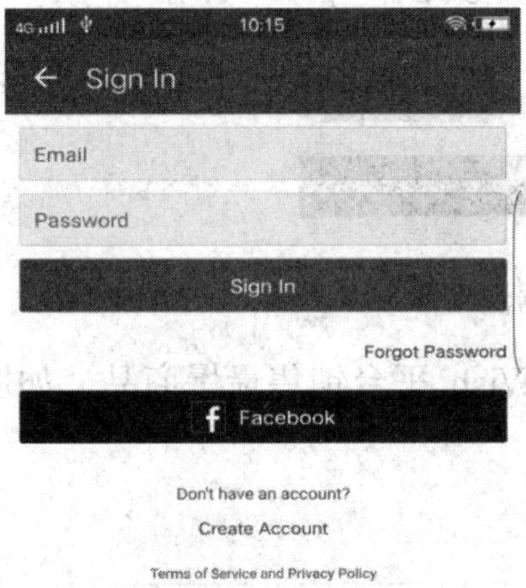

图 2-3　登录

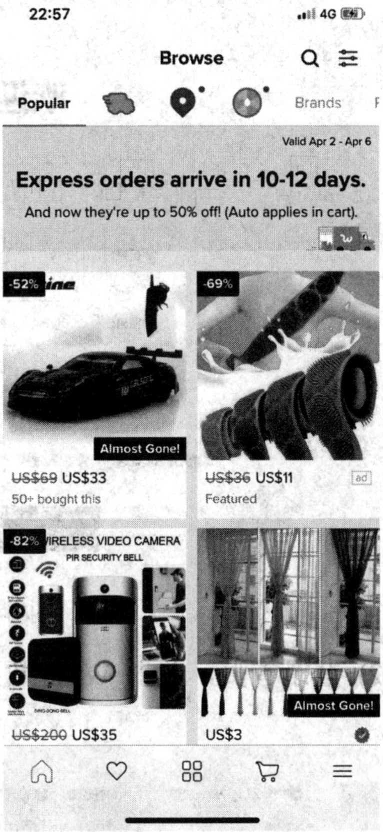

图 2-4　浏览首页

(4) 在产品浏览页面的商品图片底端找到“400000+ bought this”字样，其中 400000+ 表示该商品的成交量，如图 2-5 所示。

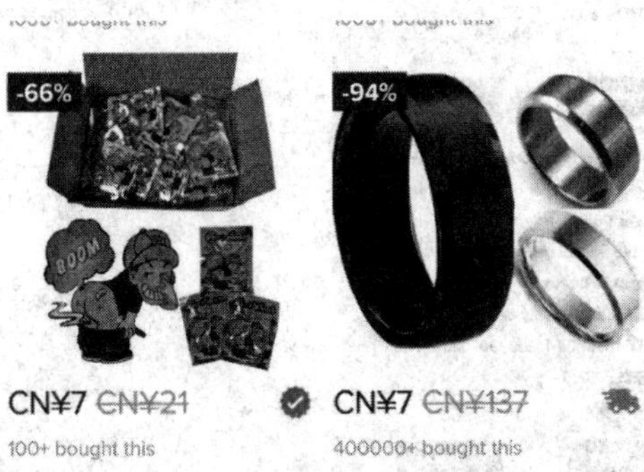

图 2-5　单件商品成交图

2．利用海鹰数据分析进行选品

(1) 打开海鹰数据官网 http://www.haiyingshuju.com/wish 进行注册，如图 2-6 所示。

欢迎注册海鹰数据
*用户名:
6-16位数字组成或字母组成
*手机号:
11位号码
*密码:
6-16位数字组成或字母组成
*图形验证码:
图形验证码
3VFV
换一张
*请输入短信验证码:
短信验证码
免费获取验证码
注册

图 2-6　海鹰数据注册

(2) 登录首页，单击 Wish 数据，查看 Wish 平台销售最爆商品，如图 2-7 所示。

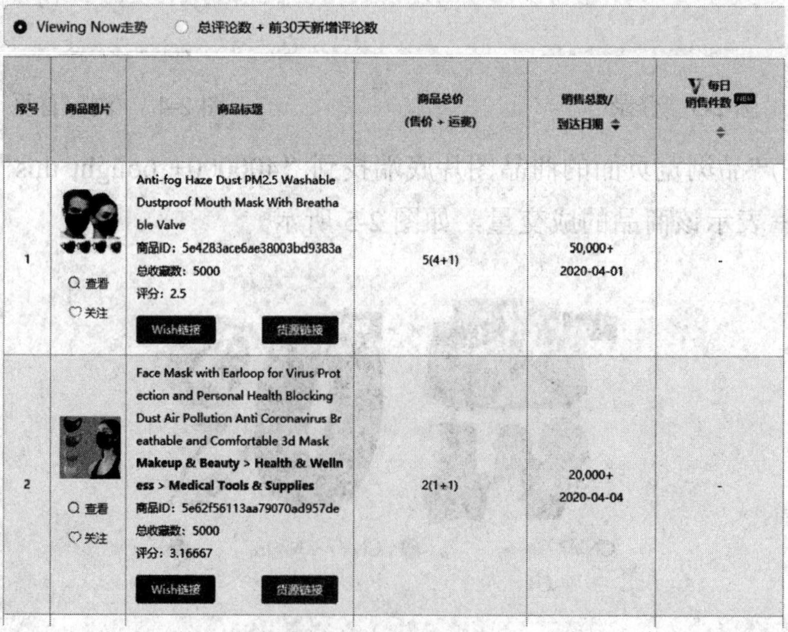

序号	商品图片	商品标题	商品总价（售价 + 运费）	销售总数/到达日期	每日销售件数
1	查看 关注	Anti-fog Haze Dust PM2.5 Washable Dustproof Mouth Mask With Breathable Valve 商品ID：5e4283ace6ae38003bd9383a 总收藏数：5000 评分：2.5 Wish链接 货源链接	5(4+1)	50,000+ 2020-04-01	-
2	查看 关注	Face Mask with Earloop for Virus Protection and Personal Health Blocking Dust Air Pollution Anti Coronavirus Breathable and Comfortable 3d Mask **Makeup & Beauty > Health & Wellness > Medical Tools & Supplies** 商品ID：5e62f56113aa79070ad957de 总收藏数：5000 评分：3.16667 Wish链接 货源链接	2(1+1)	20,000+ 2020-04-04	-

图 2-7　飙升新品分析

(3) 单击任一商品，进入商品信息页面，查看该商品累计销售量、累计销售额，如图 2-8 所示。

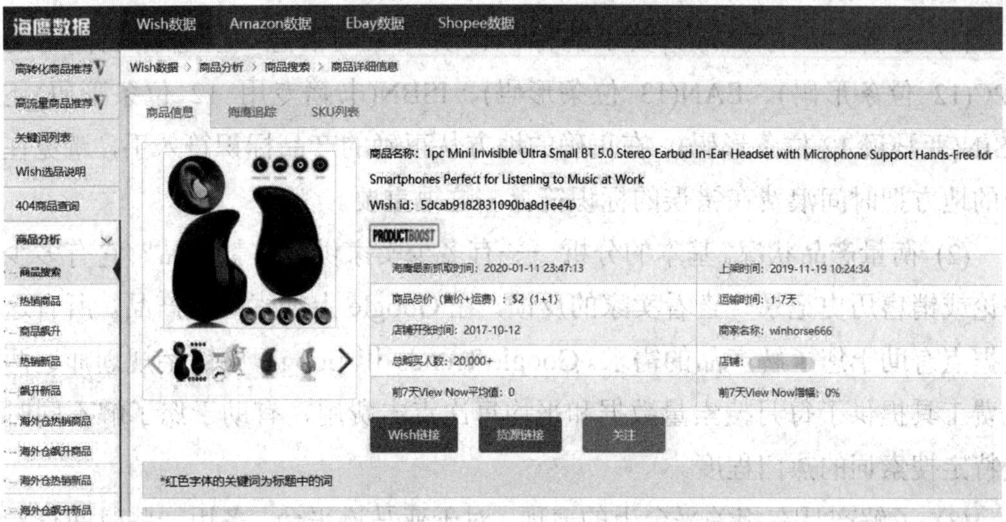

图 2-8　商品信息

选品小窍门：

在海鹰数据选择跟卖(跟卖是指选择平台上已上架的其他商家的产品作为自家店铺出售产品的行为)产品时，还应根据其他条件有选择性地选择，不可盲从。以下是老卖家对新手选品的几点建议。

(1) 跟卖销售量大的产品(成熟产品有市场，小卖家也可以分杯羹)。

(2) 跟卖在短期内销量增速快的产品(短期内销量增加快说明很可能是潜力爆款，这时候跟卖更加容易，很可能买家点击商品的浏览量还可以被跟卖的人抢走)。

(3) 跟卖产品评价好的产品(评价好的产品退款率低，可以减小风险)。

(4) 跟卖利润高的产品(跟卖利润高的产品说明利润有下降的空间，你可以低价销售)。

知识链接

1. 选品策略

选品是电商业务的核心，错误的选品不仅浪费时间，还会让卖家面临产品滞销的问题。下面介绍五个高效的选品策略。

1) 进行调研

在执行调研时要考虑三个重要事项：

(1) 了解产品标识符。要了解标识符所代表的信息。查看标识符用的是UPC(12 位条形码)、EAN(13 位条形码)、ISBN(书籍专用 12 位条形码)还是ASIN(亚马逊 12 位条形码)。在正确的地方从正确的产品标识符入手，避免在错误的地方把时间浪费在错误的标识符上，这很重要。

(2) 衡量产品状况。基本的分析——有多少卖家供应这款产品？它有多少条评论或销售历史记录？查看卖家的反馈，在 Google 上搜索这款产品。所有这些数据点有助于您了解产品的需求。Google Trends 和 Google 关键字规划师这两款免费工具提供了每月搜索量数据和平均每次点击费用，有助于您了解不同时间段特定搜索词的热门程度。

(3) 了解产品在相关平台上的表现。对于亚马逊平台，多用一些时间查看评论数量、评分、卖家数量、是否是亚马逊自营、产品是否有 FBA(这往往表示产品的需求量较大)等。对于 eBay 平台，考虑和能够提供产品月销售量的服务商合作。

2) 关注细分产品分类和利基产品

先来了解什么是利基产品？

利基产品(Niche Product)受众群体不会很多，由于传统市场上的大众产品不能满足某些群体的特定需求，因此应运而生了小众产品，尽管这些小众产品受众群体不多，但依然有不错的利润点。相对它的市场叫利基市场(Niche Market)，利基市场下的产品称为利基产品。虽然利基产品的客户群小众，但是需求一定不低，有相对的竞争度。它也是社交平台或者论坛网站关注讨论的焦点，能够在网上很容易找到目标客户。比如大码服装、左撇子专用产品等。因此大类目(大类目是指平台根据人们的习惯将商品大致分成的一级类目)下的细分产品有可能就是一个蓝海产品。

3) 充分了解你的目标市场

不管是欧美市场、东南亚市场还是中东市场，它们各自的需求都是不同的。比如数据线、移动电源基本在每个国家的每个电商平台都是热销商品，那么重点在哪呢？在美国和西欧主流国家市场有相当一部分比拼的是品牌和品质，欧洲二线国家市场比拼的是性价比，而东南亚市场比拼的是价格。所以目标市场人群分析、产品定价都是选品阶段要考虑的重要因素。

4) 善于发现产品趋势

平日里可以多关注一些社交网站、流行博客等，以便掌握最新产品动态。

众所周知，像 Pinterest 一样的专注分享的社交网站会含有很多流行的产品信息，另外还有：

(1) Polyvore——一个让用户做时尚 DIY 分享的网站。它最大的特色就是让用户可以进行时装、配饰的搜索浏览，同时还可以将喜欢的衣物进行搭配拼接，做出有时尚感的图片。

(2) Fancy——定位自己是一个集店铺、杂志及许愿单为一体的网站。这里可以查看各种场合下流行的礼品。

(3) Wanelo 即 Want-Need-Love 是全球购物社区，它以类似 Pinterest 的方式展示产品和店铺。

除了上述社交网站，还有一些网站每日会更新一些最新的产品趋势，可以根据这些博客、网站等来了解市场信息。

这里给读者推荐一些流行产品的博客：Uncrate、Outblush、BlessThis Stuff、CoolMaterial、GearMoose、Werd、HiConsumption 和 Firebox。

5) 规避专利侵权

2017 年的“指尖猴子”侵权事件提醒跨境卖家朋友一定要把知识产权问题重视起来，只有提高知识产权保护意识，才能走得更远！

2. 选品实用宝典

(1) 对于利润率至少能 30%以上的产品，可以按照自己了解或着手的产品价格，与 Amazon、Ebay、Esty 等电商平台进行比价。

(2) 要有试错意识，如果反复试销后，产品依然不见起色，则不要害怕亏本，要及时处理，更换方向。

(3) 为了增加客户粘性，要做到包装独特，或者可以提供设计服务，让客户从这些无形的服务中去增加对你的认同感，这也是防止跟卖的方式。

(4) 切忌跟风选品。不具备连续或者长期性需求的产品，如果跟得快还可以赚点利润，但是如果跟得慢，就只有等着压货了。

(5) 季节性产品不能成为唯一。比如圣诞节礼品，只能作为应景辅助产品。

3. 常用数据分析工具

常用数据分析工具有 Wish 卖家数据、海鹰数据和牛魔王。

专业术语

Products 产品

Create Account 新建账户

Shopping Made Fun 买买买，乐在其中

Browse 浏览

Niche Product 利基产品

Cart 购物车

Outlet 商城

Hobbies 个人兴趣爱好产品

Sports &Outdoors 户外运动产品

Gadgets 电子产品

Fashion 衣服

Shoes 鞋子

Automotive 汽车内饰配件

Tops 上衣

Bottoms 休闲运动裤

Underwear 内裤

Watches 手表

Wallets & Bags 包包

Accessories 小商品

Phone Upgrades 手机配件

Home Decor 家居装饰

Category 类目

More Details 更多详情

操作实践

利用数据分析工具为自家 Wish 店铺选品。

实践操作三　产　品　上　架

实践目标

能 力 目 标	知 识 目 标
能使用 Wish 商户平台上传产品 能使用店小秘商户平台上传产品	熟悉 Wish 商户平台上传产品的特点 熟悉店小秘商户平台上传产品的特点 掌握各产品上传过程中的英文表达方式

操作任务

杭州远创电子商务有限公司运营专员张越准备为公司在跨境移动电商平台 Wish 上开始上传产品。

任务一：使用 Wish 商户平台上传产品。

任务二：使用店小秘商户平台上传产品。

操作指南

1. 使用 Wish 商户平台上传产品

1) 准备材料

(1) Wish 账号。

(2) 产品的图片。

(3) 产品的详细介绍。

(4) 产品的链接。

视频 3-1　Wish 后台上传产品

2) 产品上传流程及注意细节

Wish 商户平台登录网址：https://china-merchant.wish.com/login。

(1) 打开 Wish 商户平台登录页面，输入账户信息登录，如图 3-1 所示。

图 3-1　登录页面

(2) 单击菜单选择“产品→添加新产品→手动”，如图 3-2 所示。

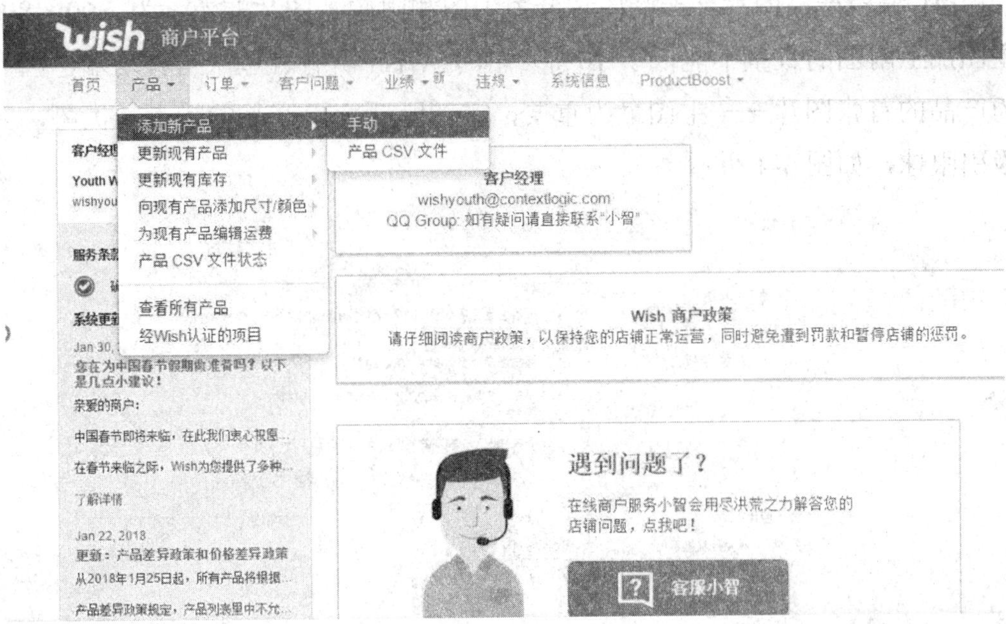

图 3-2　添加产品页面

(3) 编辑产品基本信息，如图 3-3 所示。

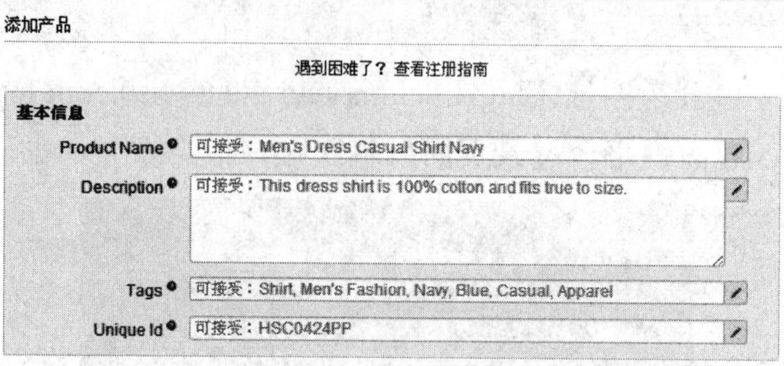

图 3-3　编辑产品基本信息

① Product Name(产品名称)：将产品中文名翻译成英文，力求简洁明了，不能过长。

② Description(产品描述)：将与产品相关的详细介绍翻译成英文，说明要详细。

③ Tags(产品标签)：一般最多可设置十个，标签力求简洁，分别用独立的词概括产品的优点和突出点，并且依次单独添加单击确认。

④ Unique ID(产品的唯一 ID 即 SKU)建立后不能更改。推荐使用姓名缩写+000XX，如姓名：张越，则 SKU 为 ZY0001，ZY0002，ZY0003，……

(4) 编辑产品图片。产品图片分为主图和附图。图片的像素为 800 × 800，主图加上附图的数量不能低于 10 张。由于 Wish 所有订单来自移动端，因而作为产品的首张图片——主图最为重要，主图既要突出产品的特点和优势，又要吸引眼球，如图 3-4 所示。

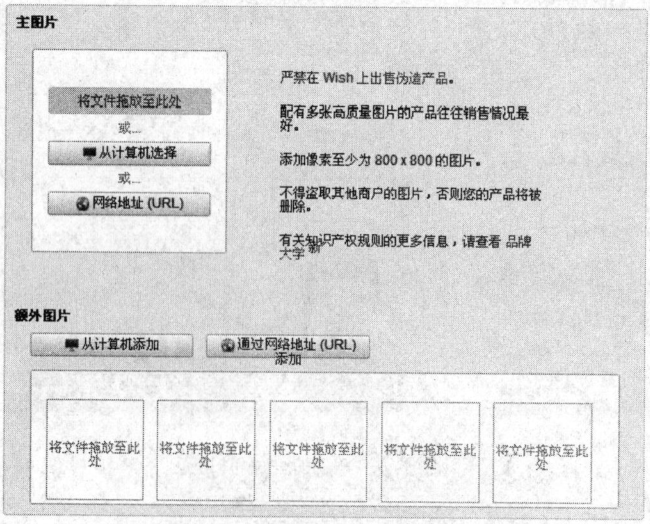

图 3-4　编辑产品图片

对于服装类的产品，附图的第一张必须是产品的尺码表，如图 3-5 所示。

MAJESTIC MEN'S CLOTHING SIZE CHART

All measurements are in inches (in).
This garment should fit customers in the sizes listed below.

SIZE	NECK (A)	CHEST (B)	WAIST (C)	SLEEVE (D)
Small (S)	14 to 14 1/2	34 to 36	28 to 30	32 to 33
Medium (M)	15 to 15 1/2	38 to 40	32 to 34	33 to 34
Large (L)	16 to 16 1/2	42 to 44	36 to 28	34 to 35
X-Large (XL)	17 to 17 1/2	46 to 48	40 to 42	35 to 36
XX-Large (2XL)	18 to 18 1/2	50 to 52	44 to 46	36 to 36 1/2
XXX-Large (3XL)	19 to 19 1/2	54 to 56	48 to 50	36 1/2 to 37
XXXX-Large (4XL)	20 to 20 1/2	58 to 60	52 to 54	37 to 37 1/2

This chart describes measurements of a man's body 5' 8" to 6' tall.
(A) Neck - Measures circumference of neck
(B) Chest - Measures directly across underarm to underarm, front side only
(C) Waist - Measures circumference of waist
(D) Sleeve - Measures diagonally from back of inside neck to end of middle sleeve

图 3-5　服装尺码表

(5) 编辑库存和运送。

① Price(价格)：总价 = 产品成本 + 国际运费 + 手续费 + 利润。币种默认为美元。商品的价格(美元) = (商品采购价 + 国内运费 + 国外运费 + 利润 + 平台佣金) ÷美元汇率。

② Quantity(库存)：500，1000，2000，……

③ Shipping(运费)：运费设在单价的 1/4 到 1/3 之间。

④ Shipping Time (配送时间)：一般填写 10～30 天。

编辑库存和运送如图 3-6 所示。

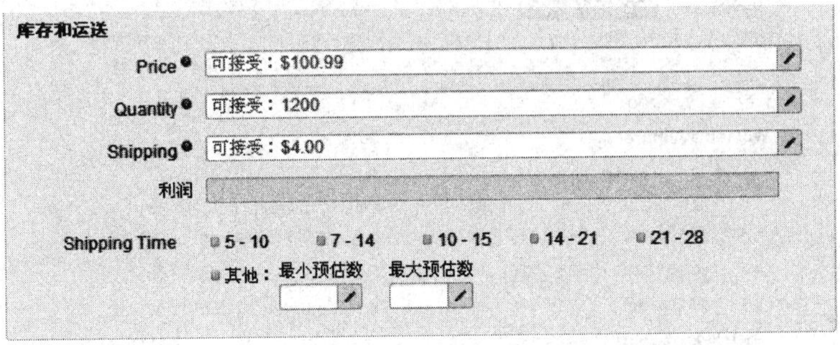

图 3-6　编辑库存和运送

(6) 编辑物流信息。物流信息可暂时不填，如图 3-7 所示。

(7) 编辑颜色。Color(颜色)根据产品具体信息勾选，或通过“其他”添加，如图 3-8 所示。

物流信息
Declared Name 可接受：Repair Tools Kit Set
Declared Local Name 可接受：棉质外套
Pieces Included 可接受：2
Package Length 可接受：10
Package Width 可接受：13.40
Package Height 可接受：13.40
Package Weight 可接受：151.5
Country Of Origin 可接受：CN
Custom HS Code 可接受：33021010.00
Custom Declared Value 可接受：$100.99
Contains Powder 可接受：Yes
Contains Liquid 可接受：Yes
Contains Battery 可接受：Yes
Contains Metal 可接受：Yes

图 3-7　编辑物流信息

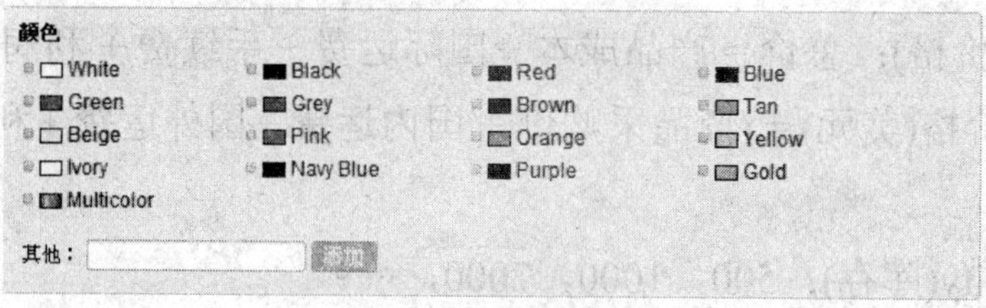

图 3-8　编辑颜色

(8) 编辑尺码，如图 3-9 所示。

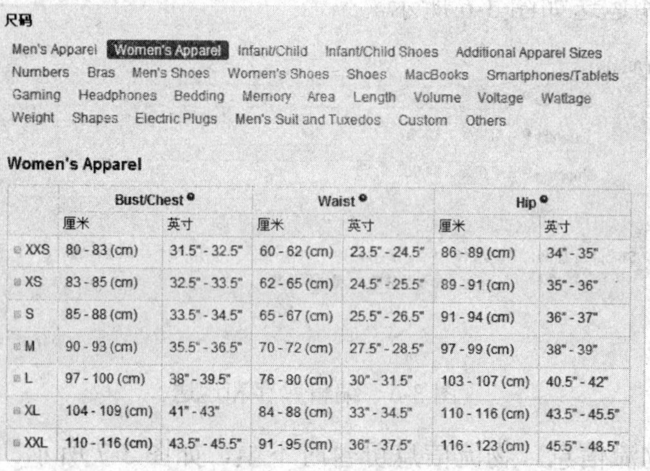

	Bust/Chest		Waist		Hip	
	厘米	英寸	厘米	英寸	厘米	英寸
XXS	80 - 83 (cm)	31.5" - 32.5"	60 - 62 (cm)	23.5" - 24.5"	86 - 89 (cm)	34" - 35"
XS	83 - 85 (cm)	32.5" - 33.5"	62 - 65 (cm)	24.5" - 25.5"	89 - 91 (cm)	35" - 36"
S	85 - 88 (cm)	33.5" - 34.5"	65 - 67 (cm)	25.5" - 26.5"	91 - 94 (cm)	36" - 37"
M	90 - 93 (cm)	35.5" - 36.5"	70 - 72 (cm)	27.5" - 28.5"	97 - 99 (cm)	38" - 39"
L	97 - 100 (cm)	38" - 39.5"	76 - 80 (cm)	30" - 31.5"	103 - 107 (cm)	40.5" - 42"
XL	104 - 109 (cm)	41" - 43"	84 - 88 (cm)	33" - 34.5"	110 - 116 (cm)	43.5" - 45.5"
XXL	110 - 116 (cm)	43.5" - 45.5"	91 - 95 (cm)	36" - 37.5"	116 - 123 (cm)	45.5" - 48.5"

图 3-9　编辑尺码

(9) 编辑产品变量。产品变量必须与 SKU 一致，如图 3-10 所示。

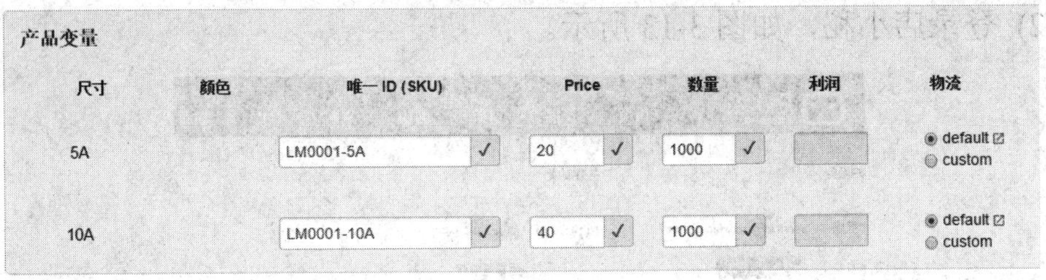

图 3-10　编辑产品变量

(10) 提交信息。所有信息填写完整后，单击“提交”按钮，如图 3-11 所示。

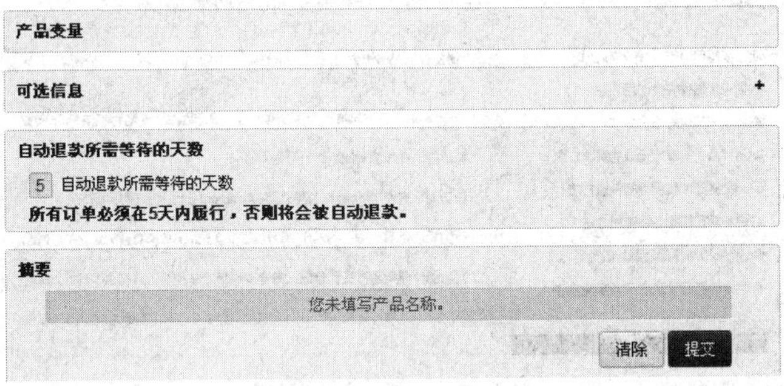

图 3-11　提交信息

2. 使用店小秘商户平台上传产品

店小秘网址：https://www.dianxiaomi.com。

(1) 打开店小秘网页，注册登录，如图 3-12 所示。

图 3-12　店小秘注册页面

视频 3-2　店小秘注册与上传产品步骤

(2) 登录店小秘，如图 3-13 所示。

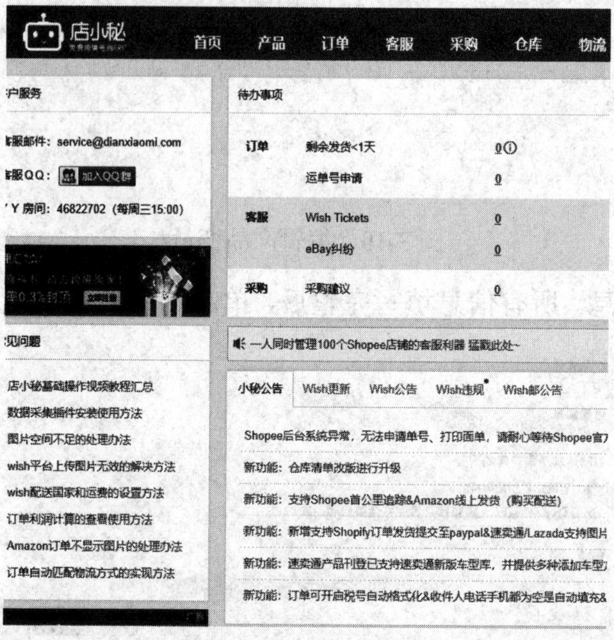

图 3-13 店小秘后台

(3) 将 Wish 账号与店小秘账号绑定。单击“平台授权→Wish”，如图 3-14 所示。

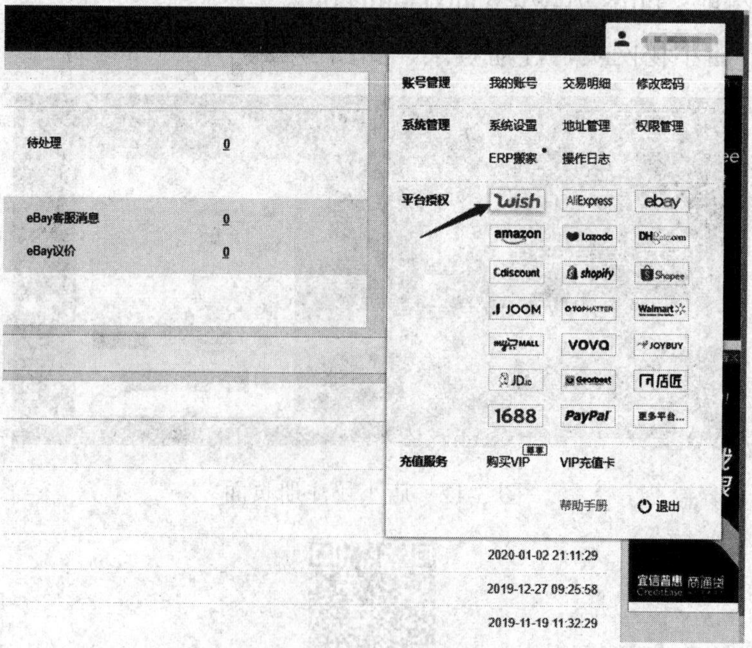

图 3-14 绑定 Wish 账号

(4) 添加授权。输入店铺名称，单击“添加授权”按钮，如图 3-15 所示。

图 3-15　添加授权

(5) 单击“添加授权”按钮后，将会自动弹出 Wish 商户平台登录页面，如图 3-16 所示。

图 3-16　Wish 登录页面

(6) 输入账号登录密码之后，单击“登录”按钮，出现“申请权限”页面，如图 3-17 所示。

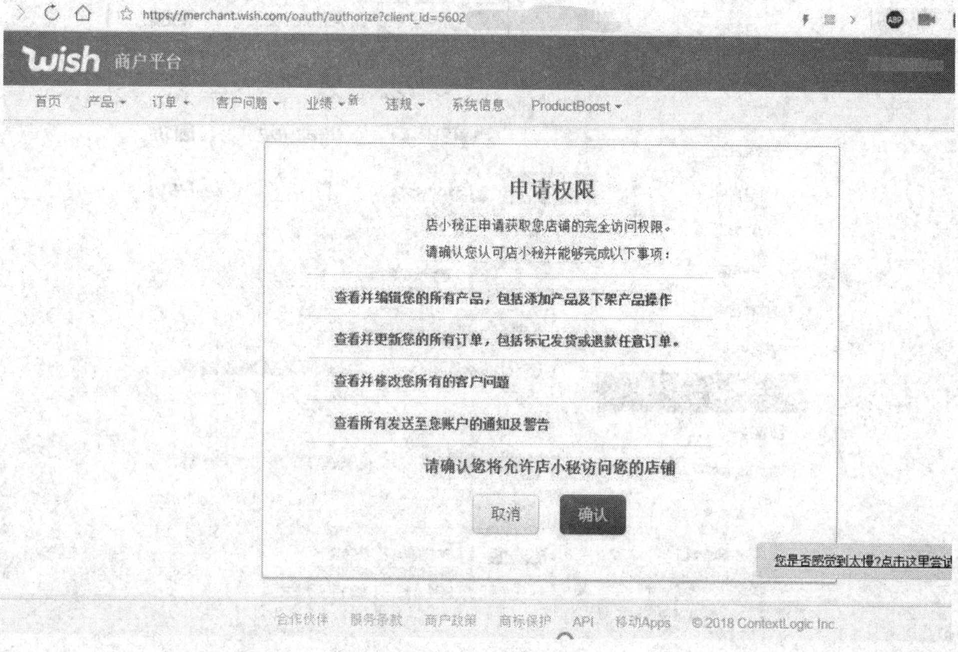

图 3-17　申请权限

申请权限确认如图 3-18 所示。

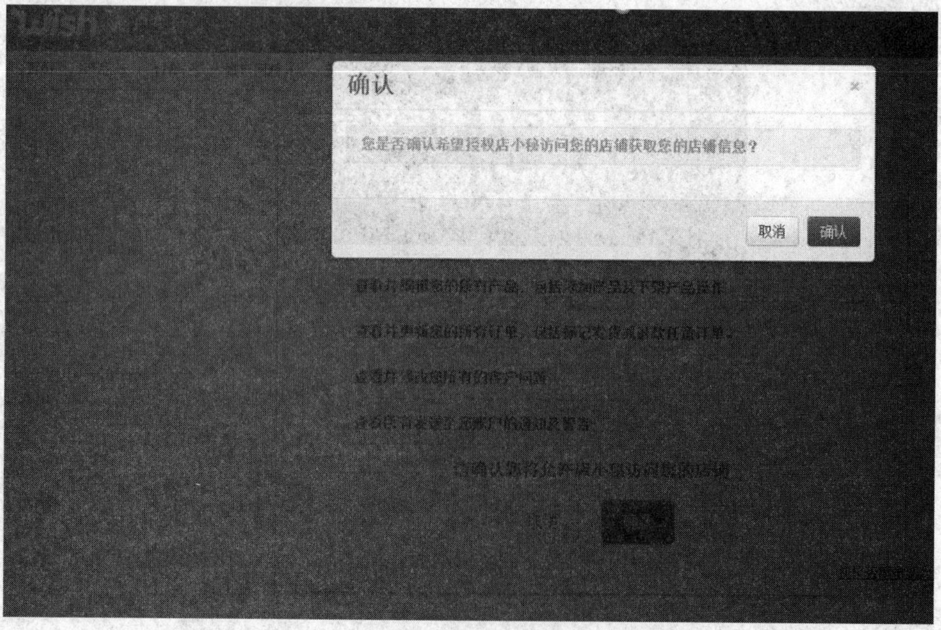

图 3-18　确认

绑定成功提示如图 3-19 所示。

图 3-19　绑定成功提示

授权成功如图 3-20 所示。

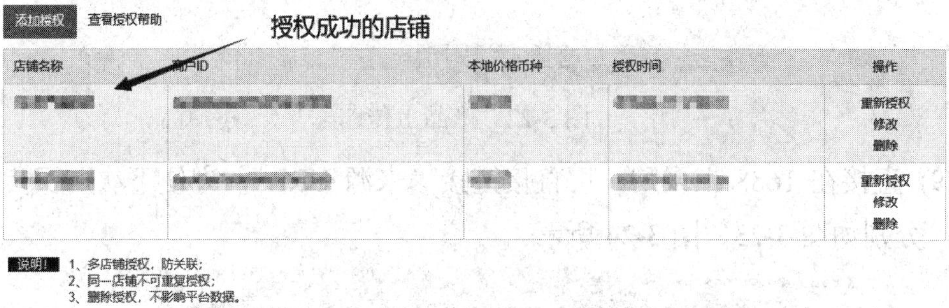

图 3-20　授权成功

(7) 使用店小秘上传产品。单击"产品→创建产品"，进入创建产品页面，如图 3-21 所示。

图 3-21　店小秘上传产品

(8) 编辑产品信息，与 Wish 产品信息编辑步骤一致。(略)

使用 Wish 上传产品与使用店小秘上传产品是有区别的。比如：产品标签上传时可以使用中文，店小秘自带翻译功能。单击“一键翻译”按钮，并单击“仿品检测”按钮，如图 3-22 所示。

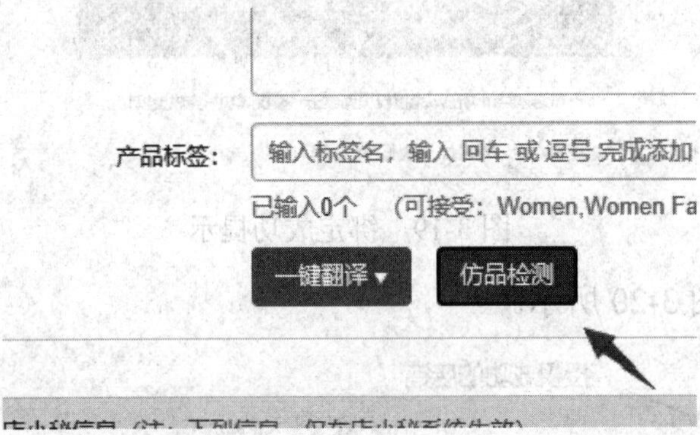

图 3-22　产品上传

(9) 直接在 1688 上采购，可直接链接“来源 URL”，方便下次购买货源和采购，分别如图 3-23、图 3-24 所示。

图 3-23　1688 采购链接

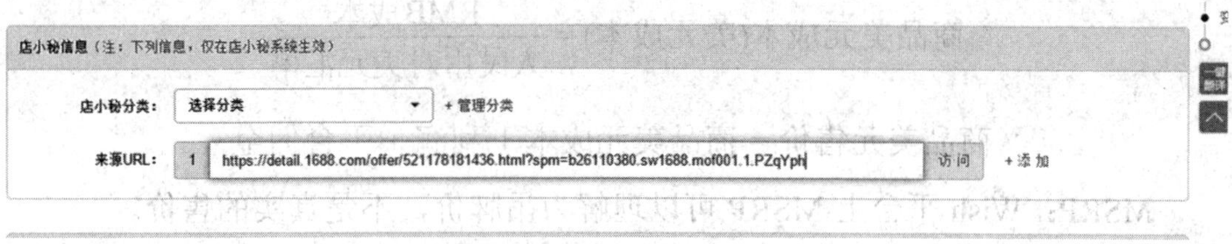

图 3-24　来源 URL 链接

(10) 其他产品信息上传与使用 Wish 平台上传一致。编辑变种信息一栏，单击“一键生成”，MSRP 更新，价格更新，库存更新，运费更新，如图 3-25 所示。

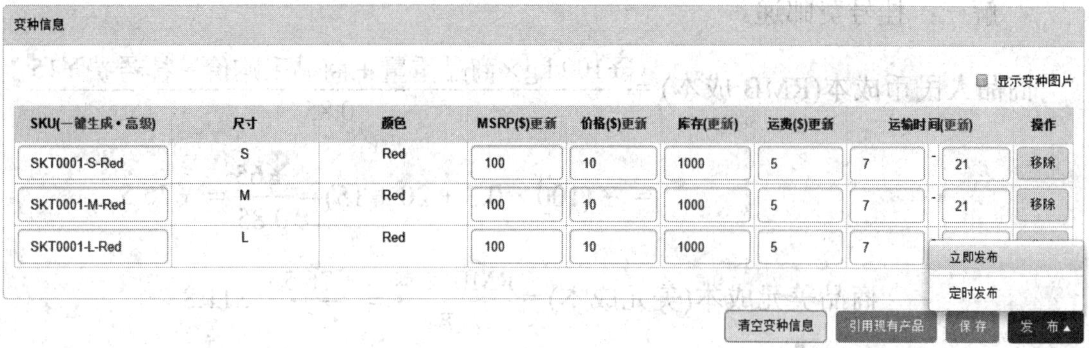
变种信息
显示变种图片
SKU(一键生成·高级)
尺寸
颜色
MSRP($)更新
价格($)更新
库存(更新)
运费($)更新
运输时间(更新)
操作
SKT0001-S-Red　S　Red　100　10　1000　5　7　21　移除
SKT0001-M-Red　M　Red　100　10　1000　5　7　21　移除
SKT0001-L-Red　L　Red　100　10　1000　5　7
立即发布
定时发布
清空变种信息
引用现有产品
保存
发布

图 3-25　编辑变种信息

知识链接

(1) 价格计算。

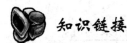

商品的美元售价包含这几部分：商品采购价、国内运费、国外运费、利润、平台佣金和美元汇率，用公式表示如下：

$$\text{商品的价格(美元)}=\frac{\text{商品采购价}+\text{国内运费}+\text{国外运费}+\text{利润}+\text{平台佣金}}{\text{人民币对美元汇率}}$$

邮递方式可分为挂号费邮递与平邮。

① 挂号费邮递。

$$\text{商品人民币成本(RMB 成本)}=\frac{¥70/\text{kg}\times\text{商品重量}+\text{商品采购价}+\text{挂号费}¥15}{0.85}$$

国际运费以各大物流公司报价为准(不同年份、不同国家的运费也不同)。

$$商品美元成本(美元成本) = \frac{RMB成本}{人民币对美元汇率}$$

$$商品美元售价 = 商品美元成本 + 利润 + 平台佣金$$

MSRP：Wish 平台上 MSRP 可以理解为吊牌价，不是真实的售价。

② 平邮。采用平邮方式邮寄商品则不需要挂号费。其他计算步骤与挂号费邮递一致。

例 1：气球 100 只重量为 0.3 千克，商品采购价为 20 元，1 美元 = 6.5 元人民币，计算结果保留小数点后一位。

解一：挂号费邮递。

$$商品人民币成本(RMB\ 成本) = \frac{¥100/kg \times 商品重量 + 商品采购价 + 挂号费¥15}{0.85}$$

$$= ¥(100 \times 0.3 + 20 + 15) = \frac{¥65}{0.85} = ¥76.5$$

$$商品美元成本(美元成本) = \frac{RMB成本}{汇率} = \frac{¥76.5}{6.5} = \$11.8$$

解二：平邮。低额单价产品(低额单价产品是指平均交易金额低的产品)走平邮更划算(没有跟踪信息，买家无法查看商品的运输信息)。

$$商品人民币成本(RMB\ 成本) = \frac{¥100/kg \times 商品重量 + 商品采购价}{0.85}$$

$$= \frac{¥(100 \times 0.3 + 20)}{0.85} \approx ¥58.8$$

$$商品美元成本(美元成本) = \frac{RMB成本}{汇率} = \frac{¥58.8}{6.5} = \$9.0$$

(2) 店小秘是什么？

店小秘是一款免费的跨境电商 ERP(一站式企业资源管理系统)，可以提供产品开发、产品管理、订单打印、图片管理、数据统计、数据分析、智能采购、库存管理等一站式的管理服务。通过店小秘完成相关平台的店铺授权后，即可在店小秘上完成相关的管理工作。店小秘是一个 ERP 管理平台，不同于其他管理软件，它不需要下载安装。访问：http://www.dianxiaomi.com 即可进入店小秘，它是免费注册使用的。店小秘是北京美云集网络科技有限责任公司推出的，它是专门为跨境电商平台提供对接服务的第三方 ERP 工具。目前，店小秘已获得 Wish、速卖通、eBay、Amazon、Lazada、敦煌、Shopee 和 Joom 的授权成为这些平台的官方合作伙伴。店小秘可以同时授权多个平台，每个平台都可以同时授权多个店铺，但同一店铺只能授权一个店小秘。已授权的多个账号之间是不会因为同一个店小秘账号而产生关联的。

(3) 店小秘上传产品的审核速度、通过率是否有保障？

产品的审核速度取决于店铺平台的审核标准和自己选品的质量，与使用哪个第三方 ERP 软件无关。使用店小秘可以在产品的上传和管理上为大家提供更多便利服务，但不能保障审核通过率。

(4) CSV 文件格式。

CSV(Comma-Separated Value)有时也称为字符分隔值，因为分隔字符也可以不用逗号，其文件以纯文本形式存储表格数据(数字和文本)。CSV 文件由任意数目的记录组成，记录间以某种换行符分隔。每条记录由字段组成，字段间的分隔符是其他字符或字符串，最常见的是逗号或制表符。举例说明如表 3-1 所示。

表 3-1　汽车销售情况汇总表

年	制造商	型　号	说　明	价值
1997	Ford	E350	ac, abs, moon	3000.00
1999	Chevy	Venture "Extended Edition"	cd, gh	4900.00
2000	Jeep	Grand Cherokee	MUST SELL! air, moon roof, loaded	4799.00

表内容若以 CSV 格式表示，则如下：

年，制造商，型号，说明，价值

1997, Ford, E350, "ac, abs, moon"3000.00

1999, Chevy, Venture "Extended Edition","cd, gh", 4900.00

2000, Jeep, Grand Cherokee, "MUST SELL! air, moon, roof ,loaded", 4799.00

(5) SKU、Parent SKU 和子 SKU 分别指什么？

SKU 是指 Stock Keeping Unit 库存保有单位，是卖家对上架商品进行的商品编码，便于商品的日常运营操作，也是上架商品在 Wish 商户平台的“唯一 ID(SKU)”身份认证编码。

Parent SKU 是指父商品编码或源商品编码，是该商品唯一的 SKU 号，简称为父 SKU。在创建商品时 Parent SKU 是必填项，同一类商品的 Parent SKU 不可重复。

子 SKU 用于标识同一类商品中由于型号、尺码、颜色等差异产生的变种产品。每个变种的 SKU 也是唯一的，不可重复。比如，一款女包有多种颜色，则每种颜色的产品都要有一个唯一 ID（SKU）。每个变种产品都另起一行单独填写，注意在填写时要保持各变种产品的 Parent SKU 一致。

(6) 为什么要提供 URL？

URL(Uniform Resource Location，网络地址)用来备份上架产品的供货商网址。若从 1688 等网上购买货物，则非常有必要填写 URL，一旦有订单，就可直接通过 URL 完成采购。URL 仅自己可见，也不会显示给买家，不会同步到 Wish。

(7) MSRP 是什么？

MSRP：Manufacture Suggested Retail Price(厂商建议零售价)，它类似于衣服的吊牌价，将在 Wish 产品价格的上方显示，是带删除线的价格。该价格没有任何促销作用，只是一个显示效果。MSRP 一般不低于成本价加上 20%的利润。

(8) UPC 是什么？

UPC：Universal Product Code(美国通用的 12 位数字的通用产品代码)，它不包含字母或其他字符。

(9) 在店小秘创建产品和在 Wish 平台创建产品相比，有哪些特色功能？

① 图片上传更快更稳。Wish 官方要求标准图片像素为 800 × 800，且 Wish 官方服务器在国外，图片上传速度慢，经常会出现上传失败的现象。使用店小秘上传图片，对图片无像素要求，同时还提供了强大的图片空间，能够保障图片上传更快、更稳。

② 可批量操作。在产品管理、订单管理等方面，店小秘提供了很多批量操作功能，包括批量导入导出产品、批量修改产品信息、批量处理订单、批量导入导出订单等。使用批量操作功能，可大大提升工作效率。

③ 翻译功能。使用店小秘编辑产品和批量修改产品时，产品的标题、描述、

标签等都可先输入中文，然后一键完成翻译，这比使用翻译软件来回切换要轻便很多。

④ 数据采集。店小秘可采集淘宝、速卖通、1688、天猫、京东、eBay(主站)、亚马逊(美国站)七大平台的产品数据，在选品时就可以一键完成采集工作，更省时、省力。

⑤ 备注产品来源。店小秘创建产品时，可输入产品的供应来源 URL，以便后期有订单时随时采购。

⑥ 引用产品。店小秘手动在线创建产品时，若已存在比较相似的产品，则可使用“引用产品”功能，将相似产品的所有信息直接复制过来，再根据个性需求编辑更改一下即可。这样能省去个别信息的重复输入工作。

(10) 创建产品时运费设置为 0，发布后产品为何还有运费？

Wish 是不支持免运费的，如果你将运费设置成 0，发布后 Wish 会自动将运费加到 0.99 美元。而且这个运费你是拿不到的，所以不建议将运费设置为 0。

(11) 尺寸表里没有我创建产品的尺寸怎么办？

店小秘所提供的尺寸类别和具体尺寸是取决于 Wish 平台的。若给出的尺寸里没有你所要的，则可以不选择尺寸。将你的产品尺寸在标题中或产品描述里写清楚即可。另外，如果你对于这个产品的尺寸需求量很大，则可以和 Wish 客户经理发邮件提出需求。Wish 客户经理的邮箱为 merchant_support@wish.com。

(12) 创建的产品多久能完成审核？

Wish 采用的是机器加人工双审核方式，机器审核只进行基础检查，人工审核周期会比较长。所以审核的时间是不固定的。有些产品几小时内就可以审核通过，有些产品可能一、两个月还在审核中。目前没有更好的解决办法，只能耐心等待审核。

专业术语

Accepted Colors 可接受的颜色

Accepted Sizes 可接受的尺寸

Multi-Color 混色

Beige 米黄色、淡棕色

Bronze 深红棕色

Add Manually 手动添加

Add Products Now 现在添加产品

Add Products 添加产品

Add Additional Images 添加额外图片

Add via Feed File 通过源文件添加

Add Size/Colors Manually 手动添加尺寸/颜色

Add Size/Colors via Feed File 通过源文件添加尺寸/颜色

Edit Manually 手动编辑

Edit via Feed File 通过源文件编辑

Enterprise Resource Planning(ERP)一站式企业资源管理系统

Feed upload status 源上传状态

Fulfill Manually 手动完成

Fulfillment Feeds 完成源

Fulfill Feed File 完成源文件

Learn how to add variations 学习如何添加变量

Manufacture Suggested Retail Price(MSRP)厂商建议零售价

Product Specification 产品规格

Product Overview 产品概述

Product Feeds 产品源

Provide Accurate Listings 提供准备的产品描述

Provide Size/or Color 提供尺寸/或颜色

Sizing Charts 尺码表

Size Your Products Correctly 正确描述产品尺寸

Universal Product Code(UPC)通用产品代码

Uniform Resource Location(URL)网络地址

View All Products 查看所有产品

操作实践

利用店小秘商户平台上传产品。

实践操作四　产 品 管 理

实践目标

能 力 目 标	知 识 目 标
能对商品(也称作产品)进行文字说明编辑 能对上架商品进行图片处理	掌握产品文字说明的英语表达方式 掌握简单的图片 PS 技巧

操作任务

完善 Wish 上架产品的信息。

任务一：对上架产品进行文字说明编辑。

任务二：对上架产品进行图片处理。

操作指南

1．产品文字说明编辑

产品上架首要任务是完成产品文字说明的编辑工作，如图 4-1 所示。

视频 4-1　产品文字编辑

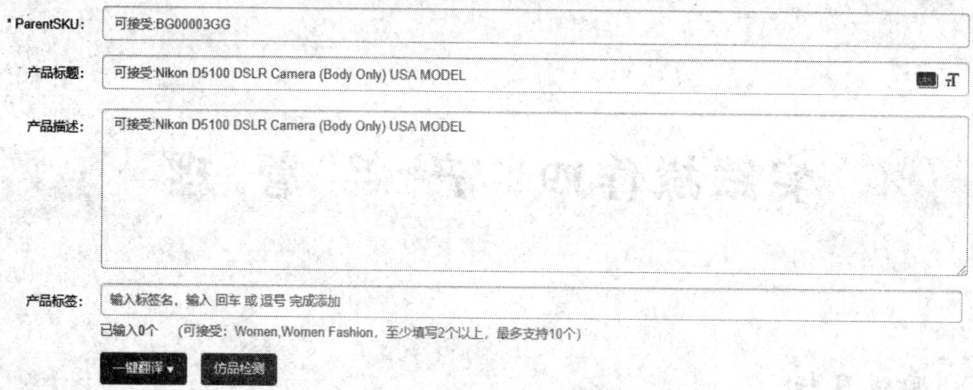

图 4-1　商品基本信息

1) *产品名称编辑*

产品名称词一般 10 个左右。产品名称编辑信息中一定要包括产品的基本信息。产品名称词的选用要根据产品的属性、产品的使用场景和产品的功能来决定。比如：产品名称词=产品属性词+产品定位词+客户群体词+适用场景词+其他词。

产品名称如图 4-2 所示。

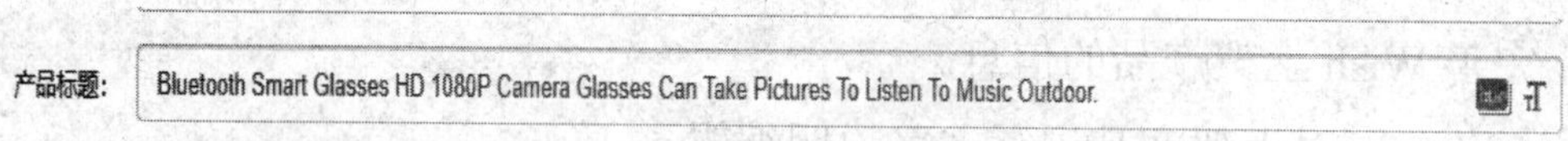

图 4-2　产品名称

产品名称：Bluetooth Smart Glasses HD 1080P Camera Glasses Can Take Pictures To Listen To Music Outdoor

这条产品标题一共 15 个词，看起来是个句子，但这是真实卖家上传的产品名称。Wish 买家端买家看到的只是价格和图片。

仔细分析不难看出，这条产品标题包括：产品属性词 Bluetooth、glasses、HD 1080P camera glasses；产品使用场景词 can take pictures to listen to music outdoor；修饰词 smart。

2) *产品描述编辑*

产品描述一般要将产品的材质、产品的特点和产品使用时的注意事项表述清楚，如图 4-3 所示。

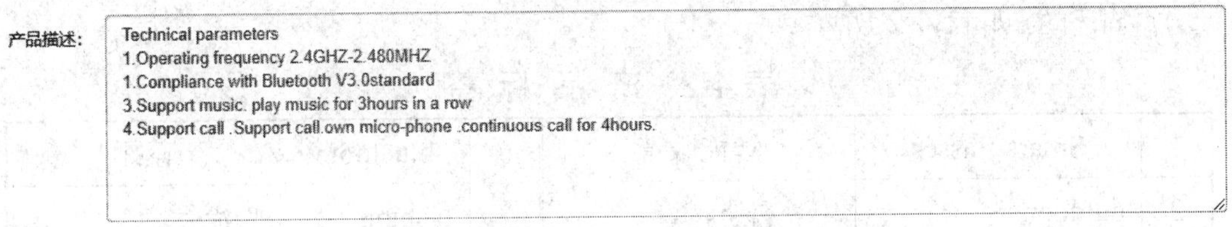

图 4-3　产品描述

产品描述分析如表 4-1 所示。

表 4-1　产品描述分析

Technical parameters	产品技术参数
1. Operating frequency 2.4 GHz-2.480 MHz	工作频率 2.4 GHz～2.480 MHz
2. Compliance with Bluetooth V3.0 standard	符合蓝牙 V3.0 标准
3. Support music. Play music for 3 hours in a row	支持播放音乐。连续播放音乐 3 小时
4. Support call.Support call own micro-phone continuous call for 4 hours	支持打电话。支持呼叫自己的微型电话。连续呼叫 4 小时
分析：产品的主要技术指标以及产品的两大卖点一目了然	

3) 产品标签编辑

产品标签一般有 10 个，每个标签不超过 3 个单词，标签之间要有关联，尽量写满 10 个标签，如图 4-4、图 4-5 所示。

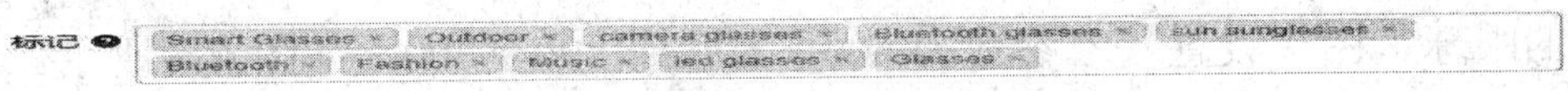

图 4-4　产品标签

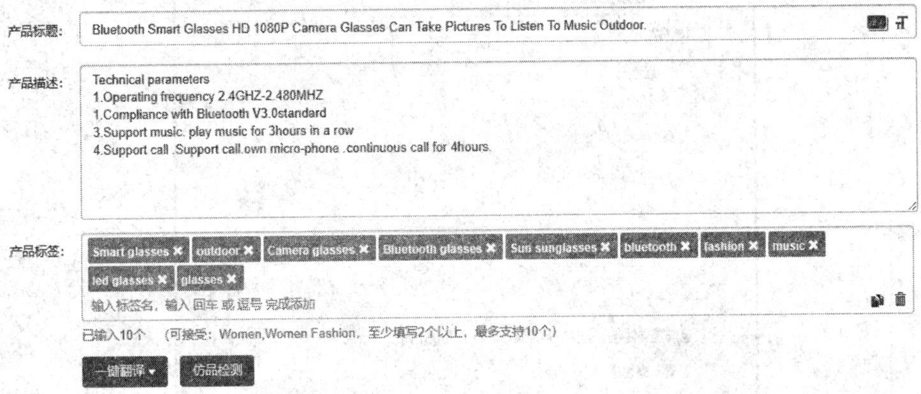

图 4-5　效果图

产品标签如表 4-2 所示。

表 4-2　产 品 标 签

1	Smart glasses	智能眼镜	6	bluetooth	蓝牙
2	outdoor	室外	7	fashion	流行
3	Camera glasses	带摄像功能眼镜	8	music	音乐
4	Bluetooth glasses	蓝牙眼镜	9	led glasses	会发光的眼镜
5	Sun sunglasses	太阳镜	10	glasses	眼镜
分析：标签主要从眼镜的使用场景、眼镜的功能角度来细分词组					

2. 产品图片编辑

产品上架的第二个任务是完成产品图片的编辑工作，如图 4-6 所示。

视频 4-2　图片处理

图 4-6　产品图片信息

由于 Wish 买家用户端是手机，手机屏幕小且像素较低，因此为了瞬间吸引买家的眼球，图片设置基本参数为 600 × 600 或 800 × 800，如图 4-7 所示。

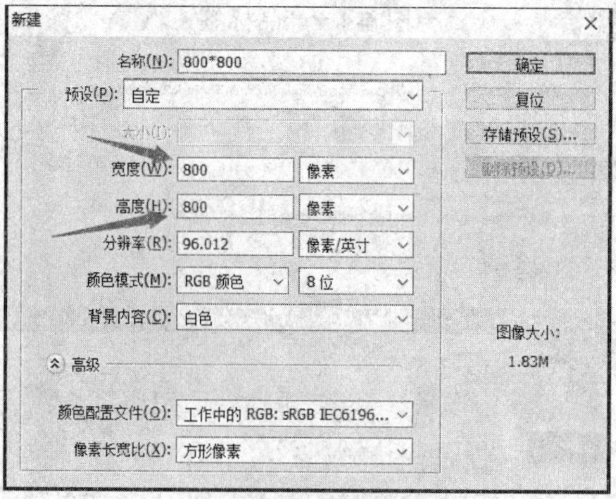

图 4-7　图片基本设置

1) 产品主图制作

产品主图展现在 Wish 买家端首页，如图 4-8 所示。

图 4-8　Wish 买家产品展示页

主图制作应突出产品特点。主图可以来自在 1688 或者淘宝上选款时卖家提供的图片。根据卖家提供的图片进行加工处理，做成能吸引国外买家点击的图片。

(1) 从 1688 卖家获取产品组图，如图 4-9 所示。

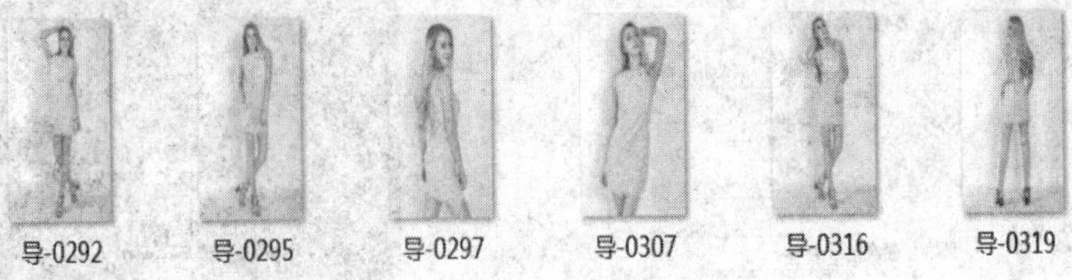

图 4-9　产品组图

(2) 根据产品的属性特征，设计主图。服装类产品讲究上身效果，模特拍好原图后，使用 PS 将组图中正面照与反面照合成一张，如图 4-10 所示。

(3) 单击“图像→画布大小”，设置图片格式，如图 4-11 所示。

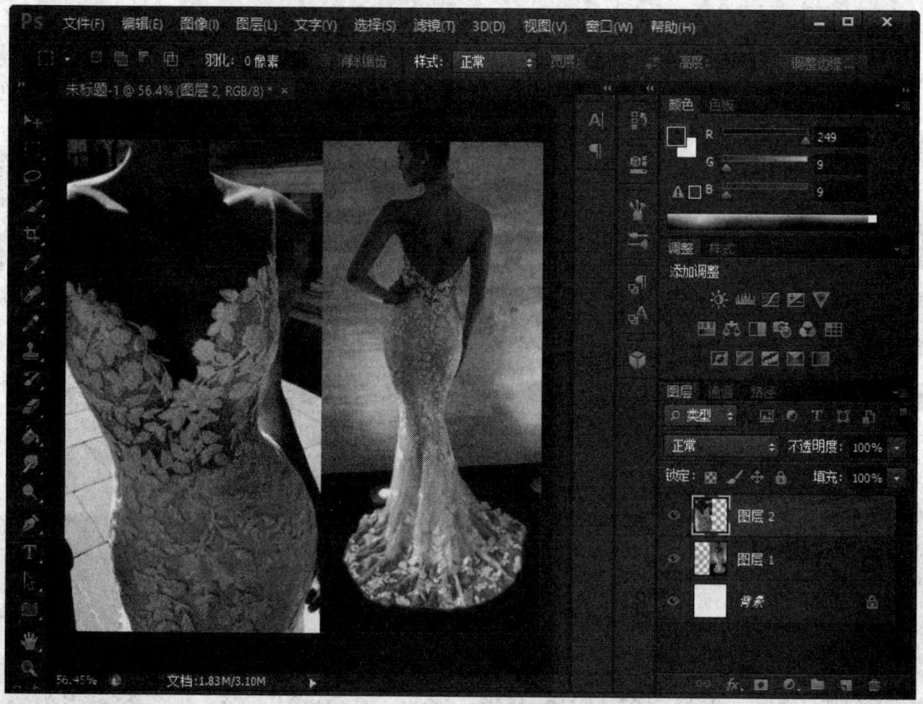

图 4-10　正反面 PS 合图

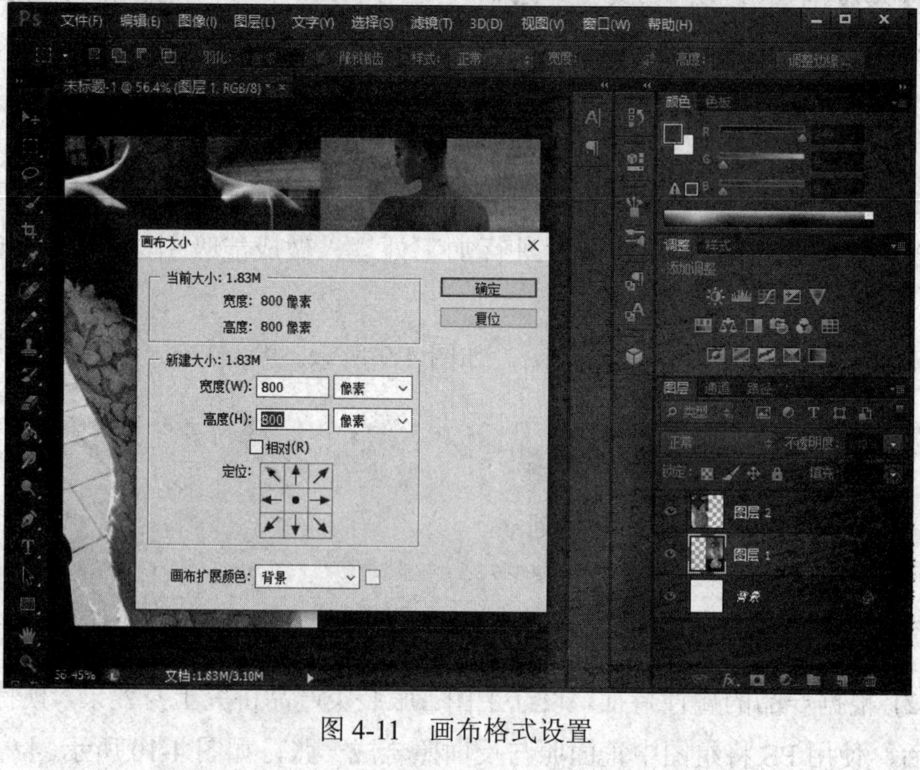

图 4-11　画布格式设置

(4) 另存为 JPEG(JPG、JPEG、JPE)格式，如图 4-12 所示。

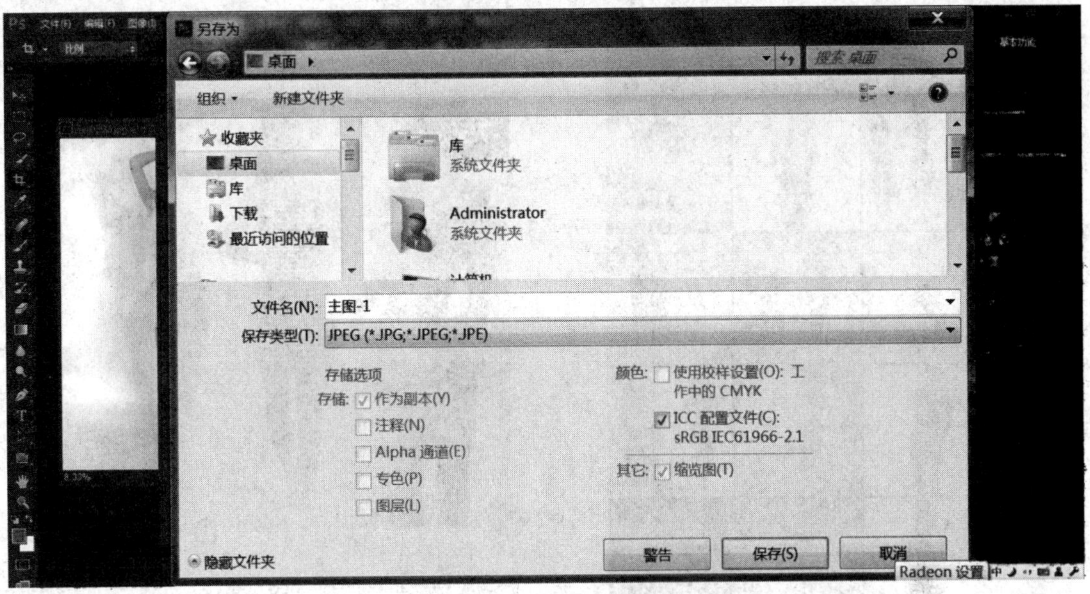

图 4-12　图片存储格式

主图经过处理之后，变成可以使用的格式，如图 4-13 所示。

图 4-13　产品主图

2) 产品附图制作

打开单品产品页面后，点开主图右上角的小图标即是产品附图，分别如图 4-14、图 4-15 所示。

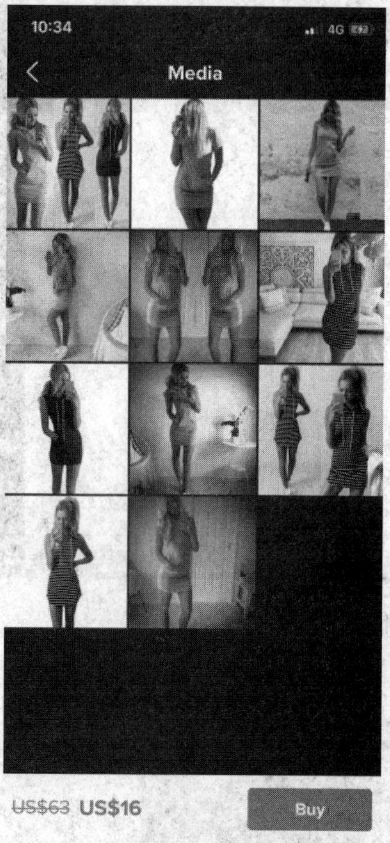

图 4-14　主图

图 4-15　附图组

附图的制作过程与主图一样。附图一般需要上传 10～20 张附图，将产品的参数和各个侧面展示给买家。

知识链接

1．Wish 产品管理要点

在 Wish 电商平台进行商品的销售，首先需要将商品上传到平台上。因为 Wish 平台没有很强的店铺概念，以产品概念为主，所以作为卖家，针对产品，需要将高质量的产品说明、高质量的商品图片、有优势的价格展现在广大消费者面前。

1）产品文字说明编辑

在 Wish 平台上，产品展示内容除了图片和属性外，卖家朋友还需要重点关注标题、价格、描述和标签。因为 Wish 平台是一个移动端的推荐式平台，所以消费者每次的购买时间都比较短。如何在最短的时间内让消费者完成下单的步骤就是我们优化产品管理的目标。而想要让消费者短时间内完成下单，除去图片的重要性不言而喻，标题、价格、描述和标签的重要性同样不容忽视。

那么，针对以上内容，如何编辑才是合格的呢？

产品标题：应该清晰、准确、详细、吸引消费者。产品标题会在一定程度上促进成交量，产品特征、产品功能、材质等内容，都可以在一定程度上让消费者对产品有感官的认识。但是在撰写标题时，切忌通过堆砌关键词的方式来获得流量，Wish 的标题一定要简洁明了，与产品相关性强。

产品描述：要有尺码、大小、颜色等属性描写，保持简单明了的原则。

产品标签：选择标签时，注意关联标签的取舍。买家在搜索时可能不是搜索你的产品，但是如果你的标签和这个产品有一定的关联性，那么也就存在着把你的产品推送给买家的可能性，从而增加产品的成交量。但是选择标签时，要优先选择将重要的写在前面，因为位置越靠前，权重越大。

价格：绝大部分的买家都喜欢物美价廉的商品。可以先定一个初期的价格，再根据实际的销售情况对售价进行阶段式地调整，直至稳定到一个合理的价格。

2) *产品图片处理*

因为 Wish 是手机购物的方式，所以在选择图片时，不宜放置过多的图片，4～8 张为宜。图片的质量要高，像素要高，图片要清晰，图片的展现逻辑要引人入胜，让买家喜欢。当然，不同种类的产品采用的图片展现方式是不一样的。类似于服装这类产品比较适合采用模特图片，而电子类产品就比较适合用单款大图来突出产品细节。

图片的选择没有固定模式，只要能够充分展示产品功能、特性及整体效果，能引起买家注意，激发购买欲，并促成交易就行。

2．图片处理软件介绍

1) Ps 软件

Adobe Photoshop(简称 Ps)，是 Adobe Systems 开发和发行的图像处理软件。Photoshop 主要处理由像素所构成的数字图像。现在常用的 Ps 版本有 PsCC、PsCS5 和 PSCS6。

Wish 平台使用 Ps 主要用于图片的修剪以及主图与附图的制作，如图 4-16 所示。

图 4-16　Ps 软件

2) Ps 快捷键

(1) 功能键介绍。

取消当前命令：【Esc】;

工具选项板：【Enter】;

选项板调整：【Shift】+【Tab】;

退出系统：【Ctrl】+【Q】;

获取帮助：【F1】;

剪切选择区：【F2 / Ctrl】+【X】;

拷贝选择区：【F3 / Ctrl】+【C】;

粘贴选择区：【F4 / Ctrl】+【V】;

显示或关闭画笔选项板：【F5】;

显示或关闭颜色选项板：【F6】;

显示或关闭图层选项板：【F7】;

显示或关闭信息选项板：【F8】;

显示或关闭动作选项板：【F9】;

显示或关闭选项板、状态栏和工具箱：【Tab】;

全选：【Ctrl】+【A】;

反选：【Shift】+【Ctrl】+【I】；

取消选择区：【Ctrl】+【D】；

选择区域移动：方向键；

将图层转换为选择区：【Ctrl】+单击工作图层；

选择区域以 10 个像素为单位移动：【Shift】+方向键；

复制选择区域：【Alt】+方向键；

填充为前景色：【Alt】+【Delete】；

填充为背景色：【Ctrl】+【Delete】；

调整色阶工具：【Ctrl】+【L】；

调整色彩平衡：【Ctrl】+【B】；

调节色调/饱和度：【Ctrl】+【U】；

自由变形：【Ctrl】+【T】；

增大笔头大小：【中括号】；

减小笔头大小：【中括号】；

选择最大笔头：【Shift】+【中括号】；

选择最小笔头：【Shift】+【中括号】；

重复使用滤镜：【Ctrl】+【F】；

移至上一图层：【Ctrl】+【中括号】；

排至下一图层：【Ctrl】+【中括号】；

移至最前图层：【Shift】+【Ctrl】+【中括号】；

移至最底图层：【Shift】+【Ctrl】+【中括号】；

激活上一图层：【Alt】+【中括号】；

激活下一图层：【Alt】+【中括号】；

合并可见图层：【Shift】+【Ctrl】+【E】；

放大视窗：【Ctrl】+【+】；

缩小视窗：【Ctrl】+【–】；

局部放大：【Ctrl】+空格键+鼠标单击；

局部缩小：【Alt】+空格键+鼠标单击；

翻屏查看：PageUp/PageDown；

显示或隐藏标尺：【Ctrl】+【R】；

显示或隐藏虚线：【Ctrl】+【H】;

显示或隐藏网格：【Ctrl】+【”】;

打开文件：【Ctrl】+【O】;

关闭文件：【Ctrl】+【W】;

文件存盘：【Ctrl】+【S】;

打印文件：【Ctrl】+【P】;

恢复到上一步：【Ctrl】+【Z】。

(2) 基本功能键介绍。

扭曲(在自由变换模式下)：【Ctrl】;

取消变形(在自由变换模式下)：【Esc】;

自由变换复制的像素数据：【Ctrl】+【Shift】+【T】;

再次变换复制的像素数据并建立一个副本：【Ctrl】+【Shift】+【Alt】+【T】;

删除选框中的图案或选取的路径：【Del】;

用背景色填充所选区域或整个图层：【Ctrl】+【BackSpace】或【Ctrl】+【Del】;

用前景色填充所选区域或整个图层：【Alt】+【BackSpace】或【Alt】+【Del】;

弹出“填充”对话框：【Shift】+【BackSpace】;

从历史记录中填充：【Alt】+【Ctrl】+【Backspace】。

(3) 图像调整相关快捷键介绍。

调整色阶：【Ctrl】+【L】;

自动调整色阶：【Ctrl】+【Shift】+【L】;

打开曲线调整对话框：【Ctrl】+【M】;

在所选通道的曲线上添加新的点(“曲线”对话框中)：在图像中【Ctrl】加点按;

在复合曲线以外的所有曲线上添加新的点(“曲线”对话框中)：【Ctrl】+【Shift】。

(4) 加点按相关快捷键介绍。

移动所选点(“曲线”对话框中)：【↑】/【↓】/【←】/【→】;

以 10 点为增幅移动所选点(“曲线”对话框中)：【Shift】+【箭头】;

选择多个控制点(“曲线”对话框中)：【Shift】加点按;

前移控制点(“曲线”对话框中)：【Ctrl】+【Tab】;

后移控制点(“曲线”对话框中)：【Ctrl】+【Shift】+【Tab】;

删除点(“曲线”对话框中)：【Ctrl】+点按；

取消选择所选通道上的所有点(“曲线”对话框中)：【Ctrl】+【D】。

(5) 颜色相关快捷键介绍。

选择彩色通道(“曲线”对话框中)：【Ctrl】+【~】;

选择单色通道(“曲线”对话框中)：【Ctrl】+【数字】;

打开“色彩平衡”对话框：【Ctrl】+【B】;

打开“色相/饱和度”对话框：【Ctrl】+【U】;

全图调整(在“色相/饱和度”对话框中)：【Ctrl】+【~】;

只调整红色(在“色相/饱和度”对话框中)：【Ctrl】+【1】;

只调整黄色(在“色相/饱和度”对话框中)：【Ctrl】+【2】;

只调整绿色(在“色相/饱和度”对话框中)：【Ctrl】+【3】;

只调整青色(在“色相/饱和度”对话框中)：【Ctrl】+【4】;

只调整蓝色(在“色相/饱和度”对话框中)：【Ctrl】+【5】;

只调整洋红(在“色相/饱和度”对话框中)：【Ctrl】+【6】;

去色：【Ctrl】+【Shift】+【U】;

反相：【Ctrl】+【I】。

(6) 图层操作相关快捷键介绍。

在对话框中新建一个图层：【Ctrl】+【Shift】+【N】;

以默认选项建立一个新的图层：【Ctrl】+【Alt】+【Shift】+【N】;

通过拷贝建立一个图层：【Ctrl】+【J】;

通过剪切建立一个图层：【Ctrl】+【Shift】+【J】;

与前一图层编组：【Ctrl】+【G】;

取消编组：【Ctrl】+【Shift】+【G】;

向下合并或合并图层：【Ctrl】+【E】;

合并可见图层：【Ctrl】+【Shift】+【E】;

盖印：【Ctrl】+【Alt】+【E】;

将当前层下移一层：【Ctrl】+【[】;

将当前层上移一层：【Ctrl】+【]】;

将当前层移到最下面：【Ctrl】+【Shift】+【[】;

将当前层移到最上面：【Ctrl】+【Shift】+【]】；

激活下一个图层：【Alt】+【[】；

激活上一个图层：【Alt】+【]】；

激活底部图层：【Shift】+【Alt】+【[】；

激活顶部图层：【Shift】+【Alt】+【]】；

调整当前图层的透明度(当前工具为无数字参数的，如移动工具)：【0】~【9】；

保留当前图层的透明区域(开关)：【/】；

投影效果(在“效果”对话框中)：【Ctrl】+【1】；

内阴影效果(在“效果”对话框中)：【Ctrl】+【2】；

外发光效果(在“效果”对话框中)：【Ctrl】+【3】；

内发光效果(在“效果”对话框中)：【Ctrl】+【4】；

斜面和浮雕效果(在“效果”对话框中)：【Ctrl】+【5】；

应用当前所选效果并使参数可调(在“效果”对话框中)：【A】。

(7) 图层混合模式相关快捷键介绍。

循环选择混合模式：【Alt】+【–】或【+】；

正常：【Ctrl】+【Alt】+【N】；

阈值(位图模式)：【Ctrl】+【Alt】+【L】；

溶解：【Ctrl】+【Alt】+【I】；

背后：【Ctrl】+【Alt】+【Q】；

清除：【Ctrl】+【Alt】+【R】；

正片叠底：【Ctrl】+【Alt】+【M】；

屏幕：【Ctrl】+【Alt】+【S】；

叠加：【Ctrl】+【Alt】+【O】；

柔光：【Ctrl】+【Alt】+【F】；

强光：【Ctrl】+【Alt】+【H】；

颜色减淡：【Ctrl】+【Alt】+【D】；

颜色加深：【Ctrl】+【Alt】+【B】；

变暗：【Ctrl】+【Alt】+【K】；

变亮：【Ctrl】+【Alt】+【G】；

差值：【Ctrl】+【Alt】+【E】；

排除：【Ctrl】+【Alt】+【X】;

色相：【Ctrl】+【Alt】+【U】;

饱和度：【Ctrl】+【Alt】+【T】;

颜色：【Ctrl】+【Alt】+【C】;

光度：【Ctrl】+【Alt】+【Y】;

去色：【海绵工具】+【Ctrl】+【Alt】+【J】;

加色：【海绵工具】+【Ctrl】+【Alt】+【A】;

暗调：【减淡/加深工具】+【Ctrl】+【Alt】+【W】;

中间调：【减淡/加深工具】+【Ctrl】+【Alt】+【V】;

高光：【减淡/加深工具】+【Ctrl】+【Alt】+【Z】。

(8) 选择功能相关快捷键介绍。

全部选取：【Ctrl】+【A】;

取消选择：【Ctrl】+【D】;

重新选择：【Ctrl】+【Shift】+【D】;

羽化选择：【Ctrl】+【Alt】+【D】;

反向选择：【Ctrl】+【Shift】+【I】;

路径变选区：数字键盘的【Enter】;

载入选区：【Ctrl】+点按图层、路径、通道面板中的缩略图。

(9) 滤镜相关快捷键介绍。

按上次的参数再做一次滤镜：【Ctrl】+【F】;

退去上次所做滤镜的效果：【Ctrl】+【Shift】+【F】;

重复上次所做的滤镜(可调参数)：【Ctrl】+【Alt】+【F】;

选择工具(在“3D 变化”滤镜中)：【V】;

立方体工具(在“3D 变化”滤镜中)：【M】;

球体工具(在“3D 变化”滤镜中)：【N】;

柱体工具(在“3D 变化”滤镜中)：【C】;

轨迹球(在“3D 变化”滤镜中)：【R】;

全景相机工具(在“3D 变化”滤镜中)：【E】。

(10) 视图操作相关快捷键介绍。

显示彩色通道：【Ctrl】+【~】;

显示单色通道：【Ctrl】+【数字】；

显示复合通道：【~】；

以 CMYK 方式预览(开关)：【Ctrl】+【Y】；

打开/关闭色域警告：【Ctrl】+【Shift】+【Y】；

放大视图：【Ctrl】+【+】；

缩小视图：【Ctrl】+【–】；

向上卷动一屏：【PageUp】；

向下卷动一屏：【PageDown】；

向左卷动一屏：【Ctrl】+【PageUp】；

向右卷动一屏：【Ctrl】+【PageDown】；

向上卷动 10 个单位：【Shift】+【PageUp】；

向下卷动 10 个单位：【Shift】+【PageDown】；

向左卷动 10 个单位：【Shift】+【Ctrl】+【PageUp】；

向右卷动 10 个单位：【Shift】+【Ctrl】+【PageDown】；

将视图移到左上角：【Home】；

将视图移到右下角：【End】。

(11) 显示隐藏操作相关快捷键介绍。

显示/隐藏选择区域：【Ctrl】+【H】；

显示/隐藏路径：【Ctrl】+【Shift】+【H】；

显示/隐藏标尺：【Ctrl】+【R】；

显示/隐藏参考线：【Ctrl】+【;】；

显示/隐藏网格：【Ctrl】+【”】；

贴紧参考线：【Ctrl】+【Shift】+【;】；

锁定参考线：【Ctrl】+【Alt】+【;】；

贴紧网格：【Ctrl】+【Shift】+【”】；

显示/隐藏“画笔”面板：【F5】；

显示/隐藏“颜色”面板：【F6】；

显示/隐藏“图层”面板：【F7】；

显示/隐藏“信息”面板：【F8】；

显示/隐藏“动作”面板：【F9】；

显示/隐藏所有命令面板：【Tab】；

显示或隐藏工具箱以外的所有调板：【Shift】+【Tab】。

(12) 文字操作相关快捷键介绍。

左对齐或顶对齐：【Ctrl】+【Shift】+【L】；

中对齐：【Ctrl】+【Shift】+【C】；

右对齐或底对齐：【Ctrl】+【Shift】+【R】；

左 / 右选择 1 个字符：【Shift】+【←】/【→】；

上 / 下选择 1 行：【Shift】+【↑】/【↓】；

选择所有字符：【Ctrl】+【A】；

选择从插入点到鼠标点按点的字符：【Shift】+点按；

左 / 右移动 1 个字符：【←】/【→】；

上 / 下移动 1 行：【↑】/【↓】；

左 / 右移动 1 个字：【Ctrl】+【←】/【→】；

将所选文本的文字大小减小 2 点像素：【Ctrl】+【Shift】+【<】；

将所选文本的文字大小增大 2 点像素：【Ctrl】+【Shift】+【>】；

将所选文本的文字大小减小 10 点像素：【Ctrl】+【Alt】+【Shift】+【<】；

将所选文本的文字大小增大 10 点像素：【Ctrl】+【Alt】+【Shift】+【>】；

将行距减小：【Alt】+【↓】；

将行距增大：【Alt】+【↑】；

将基线位移减小：【Shift】+【Alt】+【↓】；

将基线位移增大：【Shift】+【Alt】+【↑】；

将字距微调或字距调整减小 20/1000ems：【Alt】+【←】；(ems 是当前字母宽度)

将字距微调或字距调整增加 20/1000ems：【Alt】+【→】；

将字距微调或字距调整减小 100/1000ems：【Ctrl】+【Alt】+【←】；

将字距微调或字距调整增加 100/1000ems：【Ctrl】+【Alt】+【→】。

(13) 常用快捷键介绍。

放大：【Ctrl】+【+】；

缩小：【Ctrl】+【-】；

显示参考线：【Ctrl】+【'】；

对齐：【Ctrl】+【；】；

满画布显示(此处圆圈为“零”，非英文字母“o”)：【Ctrl】+【0】；

色彩平衡：【Ctrl】+【B】；

复制：【Ctrl】+【C】；

取消选取：【Ctrl】+【D】；

合并图层：【Ctrl】+【E】；

背景色填充：【Ctrl】+【Delete】(或【Ctrl】+【Backspace】)；

重复上次滤镜：【Ctrl】+【F】；

与前一图层编组：【Ctrl】+【G】；

显示额外的选项：【Ctrl】+【H】；

调出色阶面板：【Ctrl】+【L】；

反相：【Ctrl】+【I】；

通过拷贝的图层：【Ctrl】+【J】；

曲线：【Ctrl】+【M】；

新建：【Ctrl】+【N】(或【Ctrl】+双击空白区域)；

打印：【Ctrl】+【P】；

退出 photoshop：【Ctrl】+【Q】；

自由变换：【Ctrl】+【T】；

隐藏标尺：【Ctrl】+【R】；

保存：【Ctrl】+【S】；

色相饱和度：【Ctrl】+【U】；

粘贴：【Ctrl】+【V】；

关闭图像：【Ctrl】+【W】；

剪切：【Ctrl】+【X】；

校样颜色：【Ctrl】+【Y】；

撤销上一步操作：【Ctrl】+【Z】；

移动当前图层：【Ctrl】+【拖画面】；

将该层载入选区：【Ctrl】+【单击图层面板上的某层】；

锁定参考线：【Ctrl】+【Alt】+【;】；

显示网格：【Ctrl】+【Alt】+【'】;

实际像素显示：【Ctrl】+【Alt】+【0】(或双击放大镜工具，此处圆圈为“零”，非英文字母“o”)；

羽化：【Ctrl】+【Alt】+【d】;

打印选项：【Ctrl】+【Alt】+【p】;

抽出：【Ctrl】+【Alt】+【x】;

撤销上一步操作(可不断向前撤销)：【Ctrl】+【Alt】+【z】;

合并拷贝：【Ctrl】+【Shift】+【C】;

重新选择：【Ctrl】+【Shift】+【D】;

合并可见图层：【Ctrl】+【Shift】+【E】;

消退画笔透明度：【Ctrl】+【Shift】+【F】;

取消编组图层：【Ctrl】+【Shift】+【G】;

显示目标路径：【Ctrl】+【Shift】+【H】;

反选：【Ctrl】+【Shift】+【I】;

通过剪切得到的图层：【Ctrl】+【Shift】+【J】;

颜色设置：【Ctrl】+【Shift】+【K】;

自动色阶：【Ctrl】+【Shift】+【L】;

新建图层：【Ctrl】+【Shift】+【N】;

进入图层：【Ctrl】+【Shift】+【M】;

页面设置：【Ctrl】+【Shift】+【P】;

另存为：【Ctrl】+【Shift】+【S】;

再次变换：【Ctrl】+【Shift】+【T】;

液化：【Ctrl】+【Shift】+【X】;

向前：【Ctrl】+【Shift】+【Z】;

去色：【Ctrl】+【Shift】+【U】;

粘贴入：【Ctrl】+【Shift】+【V】;

关闭全部图像：【Ctrl】+【Shift】+【W】;

自动对比度：【Ctrl】+【Shift】+【Alt】+【L】;

前景色填充：【Alt】+【Delete】(或【Alt】+【Backspace】);

选择光标所在点的颜色：【Alt】+【单击画面】；

填充选区：【Shift】+【Backspace】。

专业术语

Details　商品详情页面

Overview　商品概况

Related　相关产品

Product Reviews　商品评价

Store Reviews　店铺评价

Recent Reviews　最近评价

User Rating　用户评级

Rating Performance　评分表现

Rating　评分

Positive Feedback　好评

Latest　最新上架

Product Name　产品标题

Description　产品描述

Tags　标签

URL　网络地址

Learn More About Search　了解更多关于搜索的规则

Learn More　了解更多信息

Search Eligibility　搜索条件

Successfully Confirmed　确认成功

Trusted Store Status　诚信店铺状态

操作实践

实践任务一：完善个人 Wish 卖家端产品信息，至少上传五款产品。

实践任务二：按照 Wish 图片要求(如图 4-17 所示)制作两个单品的主、附图。

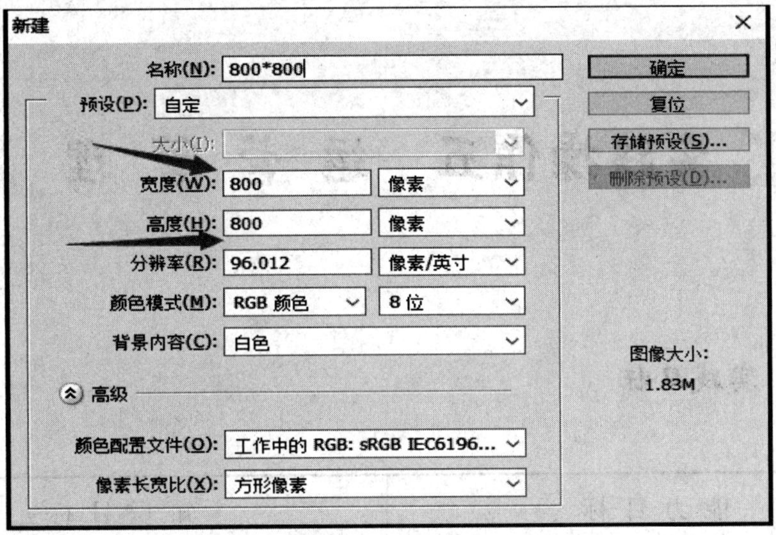

图 4-17　Wish 图片要求

实践操作五　运 营 管 理

实践目标

能 力 目 标	知 识 目 标
能看懂 Wish 后台各数据指标的含义 能根据数据分析结果优化店铺 能利用 PB 推广和优化 PB	了解 Wish 商户平台各数据指标和分析指标的意义 熟悉 Wish 平台 PB 相关规则

操作任务

杭州远创电子商务有限公司运营专员张越在 Wish 平台上传产品一个月后，打算对站内商品进行优化。

任务一：对后台各数据指标进行分析，从而优化店铺。

任务二：利用 PB 推广和优化 PB。

操作指南

1. Wish 后台数据指标

(1) 登录 Wish 商户平台，查看基本数据指标：待处理订单、平均订单评分、您将在下一支付日收到的金额和因未确认的配送欠您的金额，如图 5-1 所示。

视频 5-1　Wish 后台数据界面

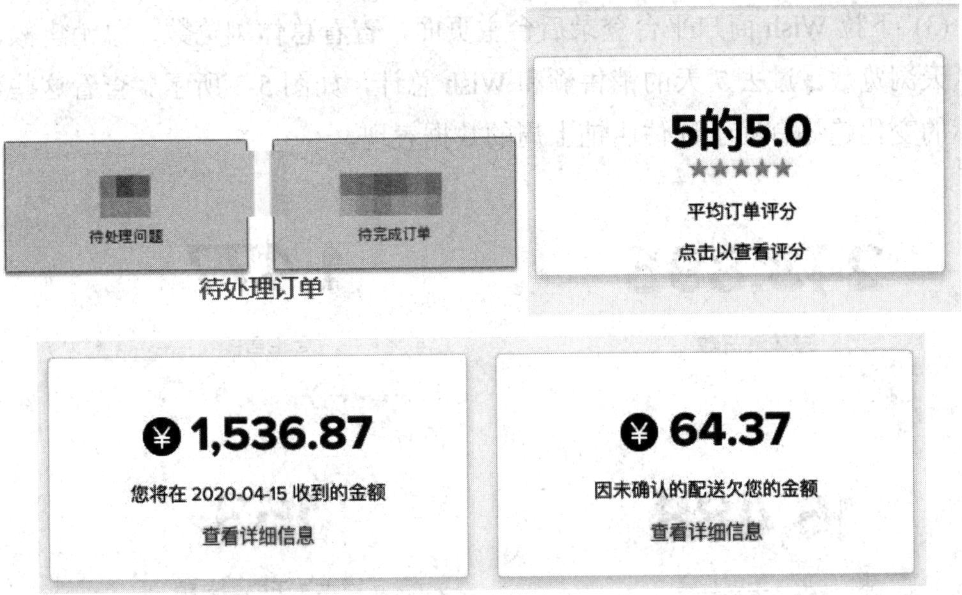

图 5-1　基本数据指标

(2) 下拉 Wish 商户平台登录后台主页面，查看店铺表现数据：有效跟踪率、妥投率、确认订单履行用时和到货时间长。通过对比曲线图查看店铺表现，如图 5-2 所示。

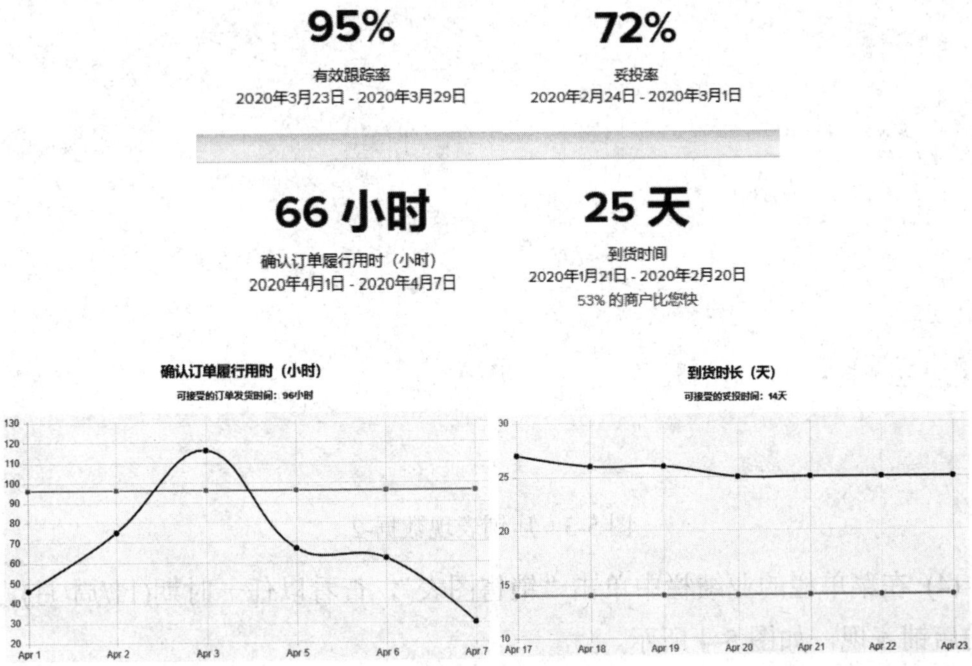

图 5-2　店铺表现数据-1

(3) 下拉 Wish 商户平台登录后台主页面，查看总体浏览数、总销售额、过去 7 天浏览数、过去 7 天的销售额和 Wish 总计，如图 5-3 所示。查看这些数据指标的变化趋势有助于评估店铺上周的数据表现。

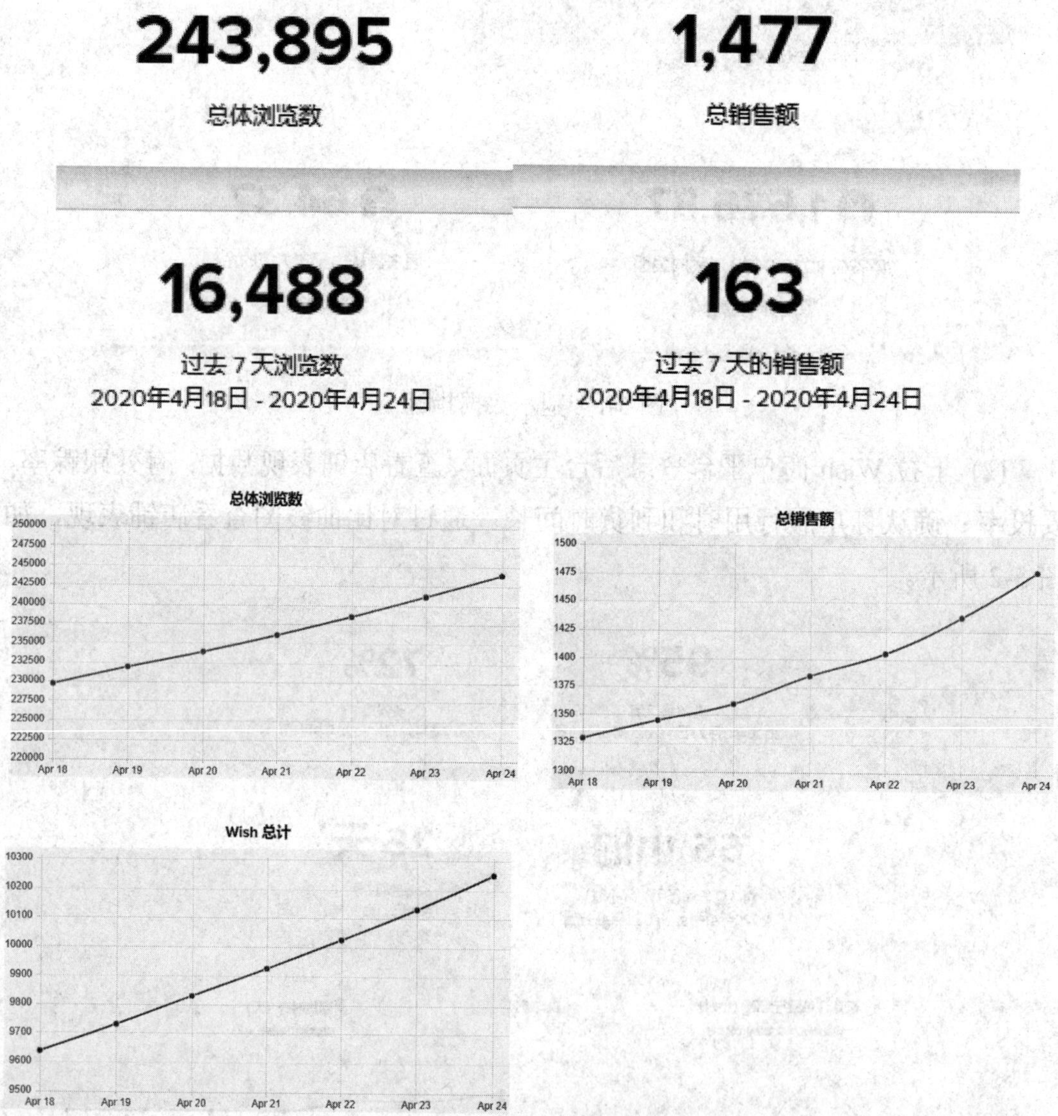

图 5-3　店铺表现数据-2

(4) 在菜单栏的业绩栏中单击“销售图表”，查看以任一时期(日/周/月)为单位的店铺表现，如图 5-4 所示。

(5) 查看单个产品销售表现，如图 5-5 所示。

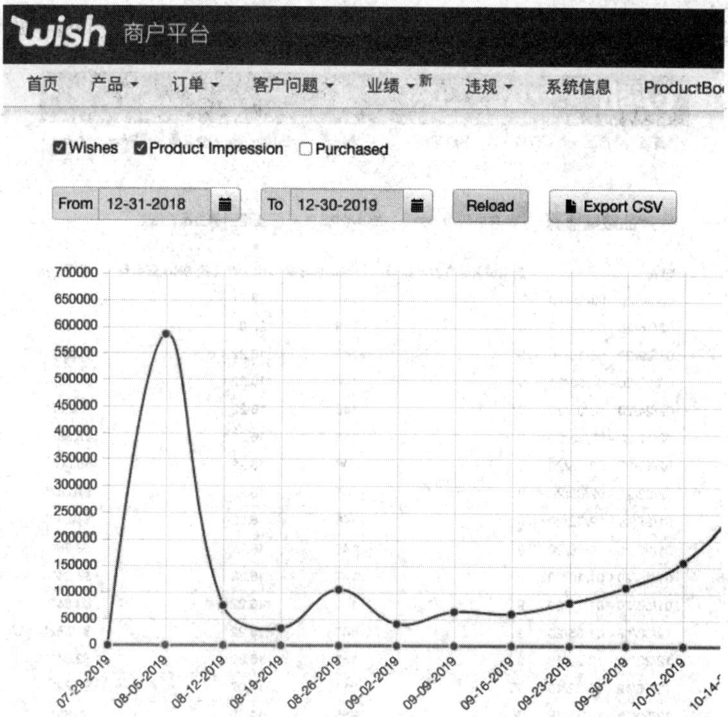

图 5-4　业绩曲线图

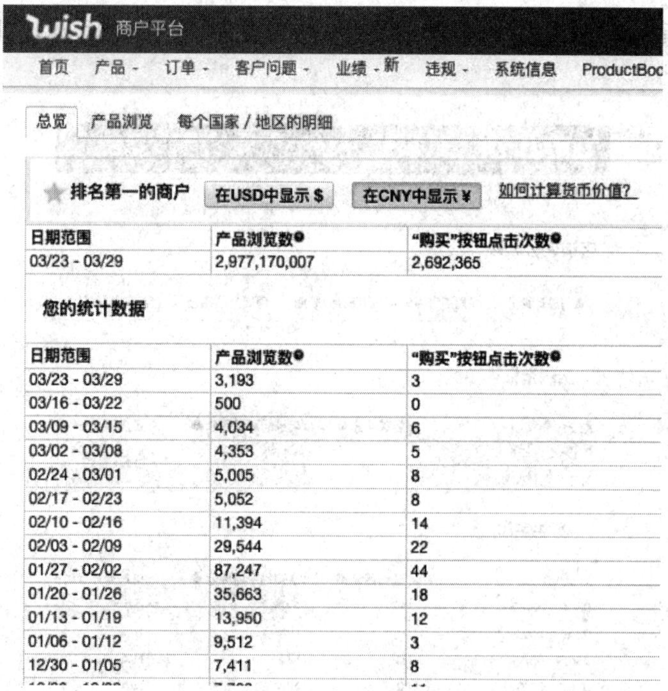

wish 商户平台

首页 产品 订单 客户问题 业绩 新 违规 系统信息 ProductBoc

总览 产品浏览 每个国家 / 地区的明细

排名第一的商户 在USD中显示 $ 在CNY中显示 ¥ 如何计算货币价值?

日期范围	产品浏览数	“购买”按钮点击次数
03/23 - 03/29	2,977,170,007	2,692,365

您的统计数据

日期范围	产品浏览数	“购买”按钮点击次数
03/23 - 03/29	3,193	3
03/16 - 03/22	500	0
03/09 - 03/15	4,034	6
03/02 - 03/08	4,353	5
02/24 - 03/01	5,005	8
02/17 - 02/23	5,052	8
02/10 - 02/16	11,394	14
02/03 - 02/09	29,544	22
01/27 - 02/02	87,247	44
01/20 - 01/26	35,663	18
01/13 - 01/19	13,950	12
01/06 - 01/12	9,512	3
12/30 - 01/05	7,411	8

图 5-5　销售业绩数据

(6) 通过产品概述查看产品数据概览，了解卖家产品表现，如图 5-6 所示。

时长	启用拥有库存的产品	SKU 总数	每个产品的 SKU 数量	平均价格
03/23/20 - 03/29/20	7	131	18.71	$2.95*
03/16/20 - 03/22/20	6	125	20.83	$0.00*
03/09/20 - 03/15/20	9	146	16.22	$0.00*
03/02/20 - 03/08/20	9	146	16.22	$0.00*
02/24/20 - 03/01/20	9	146	16.22	$10.82*
02/17/20 - 02/23/20	9	146	16.22	$8.85*
02/10/20 - 02/16/20	9	146	16.22	$0.00*
02/03/20 - 02/09/20	9	146	16.22	$10.82*
01/27/20 - 02/02/20	9	146	16.22	$10.82*
01/20/20 - 01/26/20	9	146	16.22	$8.85*
01/13/20 - 01/19/20	9	147	16.33	$7.21*
01/06/20 - 01/12/20	9	146	16.22	$9.84*
12/30/19 - 01/05/20	9	146	16.22	$10.82*
12/23/19 - 12/29/19	9	152	16.89	$9.84*
12/16/19 - 12/22/19	15	211	14.07	$5.89*
12/09/19 - 12/15/19	65	955	14.69	$5.89*

图 5-6 产品数据概览

(7) 在业绩栏中单击“评分表现”查看卖家评分表现指标，如店铺评分表现如图 5-7 所示。

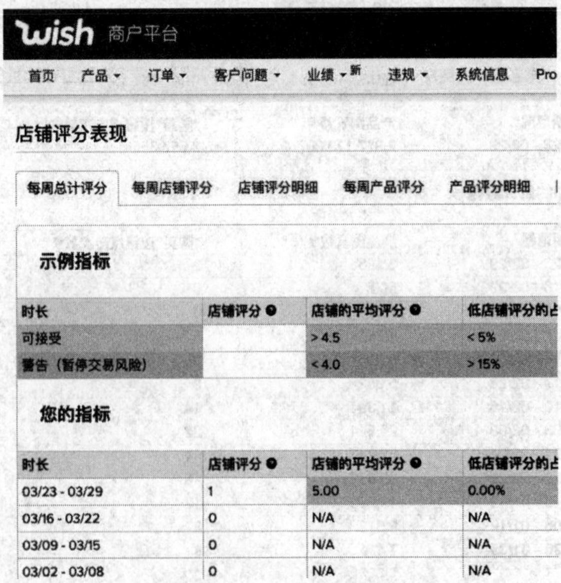

时长	店铺评分	店铺的平均评分	低店铺评分的占
可接受		> 4.5	< 5%
警告（暂停交易风险）		< 4.0	> 15%

时长	店铺评分	店铺的平均评分	低店铺评分的占
03/23 - 03/29	1	5.00	0.00%
03/16 - 03/22	0	N/A	N/A
03/09 - 03/15	0	N/A	N/A
03/02 - 03/08	0	N/A	N/A

图 5-7 评分表现

(8) 下拉 Wish 商户平台登录后台主页面，找到物流表现栏，查看卖家物流相关指标表现，如图 5-8 所示。

图 5-8　物流相关指标表现

(9) 在业绩栏中单击“用户服务表现”，查看店铺的退款率、订单等指标，了解用户服务表现，如图 5-9 所示。

图 5-9　用户服务表现

(10) 下拉 Wish 商户平台登录后台主页面，找到“退款表现”栏，查看退款详情，如图 5-10 所示。

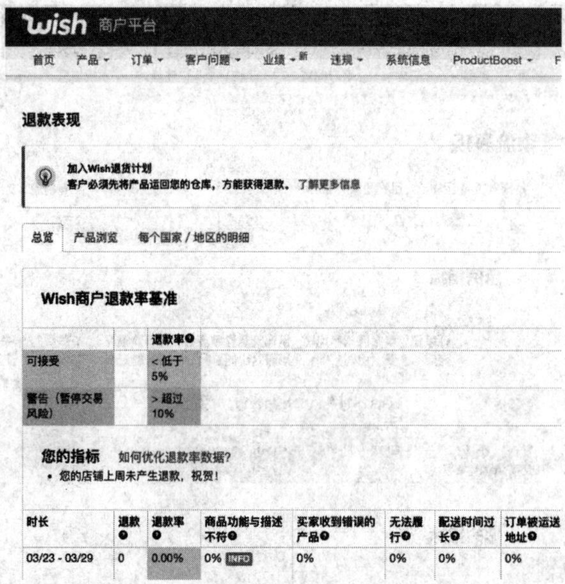

图 5-10　退款详情

(11) 下拉 Wish 商户平台登录后台主页面，找到“仿品率表现”栏，查看仿品详情，如图 5-11 所示。

图 5-11　仿品详情

2. PB 设置

(1) 登录店小秘后台，单击“产品”选项，找到 Wish 下的“PB 广告”，如图 5-12 所示。

视频 5-2　PB 活动创建

图 5-12　进入 PB 页面

(2) 进入店小秘 PB 页面，单击“同步”按钮，如图 5-13 所示，此时店小秘与 Wish 后台数据同步。

图 5-13　同步

(3) 单击“创建活动”按钮，如图 5-14 所示。

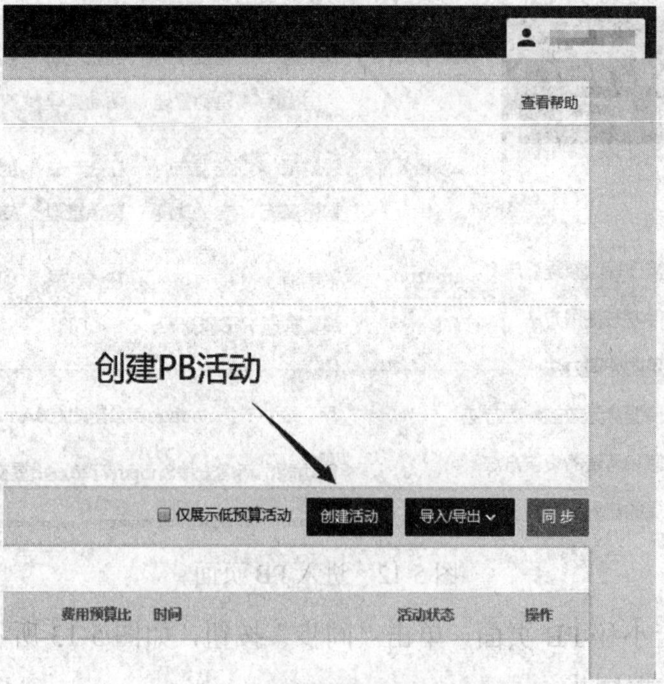

图 5-14　创建活动

(4) 填写活动名称、开始时间、预算基本信息、参加活动产品的基本信息，分别如图 5-15、图 5-16 所示。

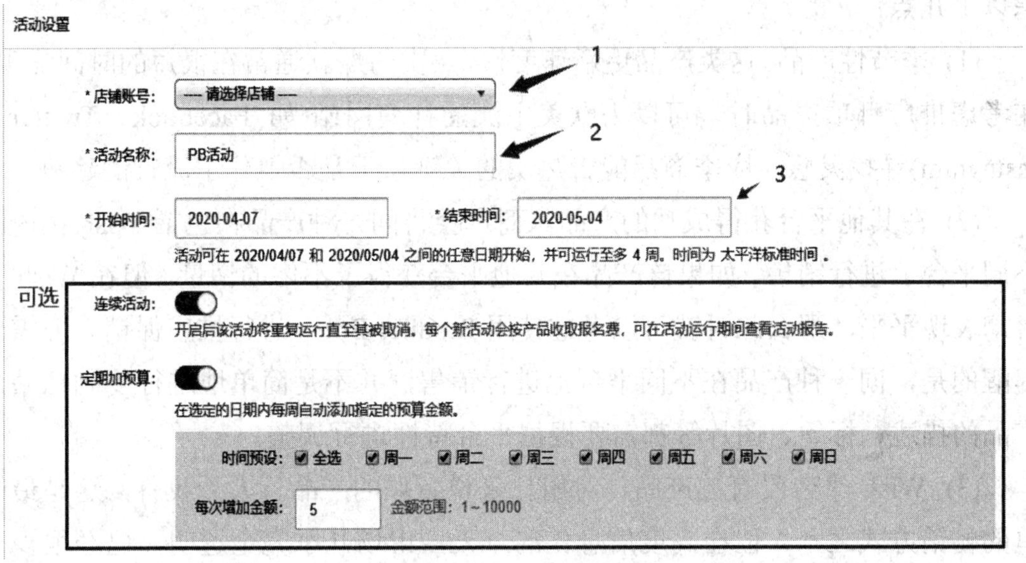

图 5-15　填写活动内容

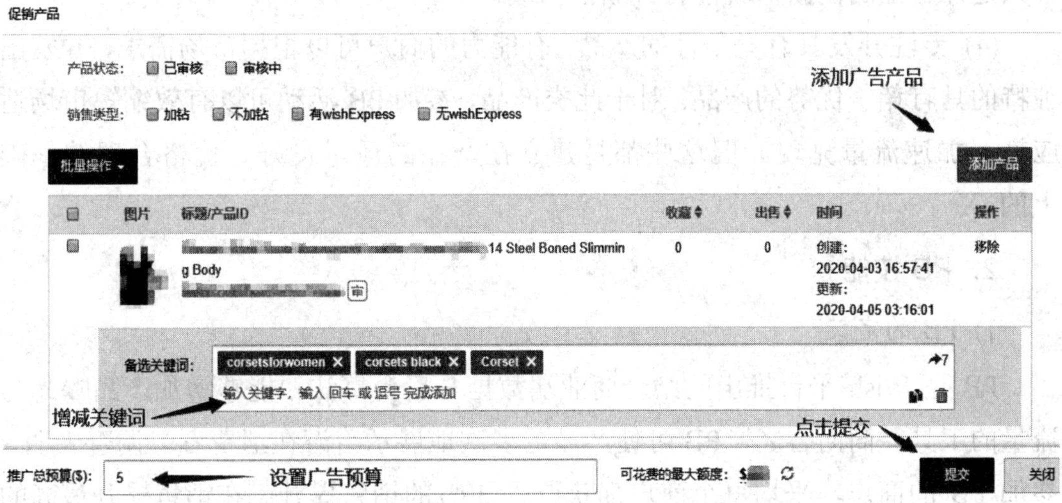

图 5-16　活动设置

知识链接

1．什么产品适合做 PB

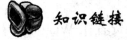

PB(Product Boost)指在 Wish 平台上进行的付费广告推广活动。并不是所有

的商品都适合做 PB。Wish 平台的消费者主要为欧美 15 岁～35 岁的年轻用户。年轻人总是爱追逐新的流行元素，只要把握住这个原则，在选择 PB 商品时考虑以下几点：

(1) 季节性产品。这类产品更新速度快，热卖与爆款通常在很短的时间显现。在考虑推广哪项产品时，可以去欧美主流的社交网站(如 Facebook、Twitter、Instagram)寻找灵感。应季商品能否热卖的关键在于是否抓住了流行的趋势。

(2) 在其他平台获得成功的产品。商户会将同一种产品在包括 Wish 在内的不同平台上进行销售，如果该产品在其他平台获得了不俗的销量，但在 Wish 平台却表现平平，那么此时就可以考虑使用 Product Boost 进行推广促销。但需要提醒的是，同一种产品在不同平台上进行销售，并不是简单地进行复制粘贴，产品的描述、标签、图片等都需要根据平台特性进行调整。

(3) Wish 平台没有的产品，对用户来说新颖的产品。人无我有，这是最简单的畅销方式之一，但在高度信息化的今天，市场几乎完全透明，已经很少有未开发的产品蓝海了，此时，进一步细分的产品类别也许会带来新的商机。或许只是外形上的创新，就能打开新的市场。

(4) 专注开发具有竞争性的产品。有能力的商户可以根据市场需求，开发出独特的具有竞争优势的产品。对于此类产品，参加 PB 活动可以有效缩短市场适应期，加速流量兑现。但这些都是建立在产品的质量良好、价格合理的基础上的。

2. PB 技能

1) PB 的定义

PB 是 Wish 平台推出的结合商业端数据与后台算法，能够增加产品曝光与流量的工具。简而言之，PB 可使产品更多次地展示给潜在消费者。调查表明，参加 PB 的商户，平均每个商户都获得了 39%的销售提升。在销售提升最高的一周，花费 1 美元可以获得 11.13 美元的销量提升，提升效果非常明显。

2) PB 的展示形式

PB 工具并不作用于客户端的日常推送，而是专门针对消费者在 Wish 客户端的搜索和相关产品页面的产品展示。它通过匹配消费者的搜索词和产品 PB 的关键词进行展示，如图 5-17 所示。

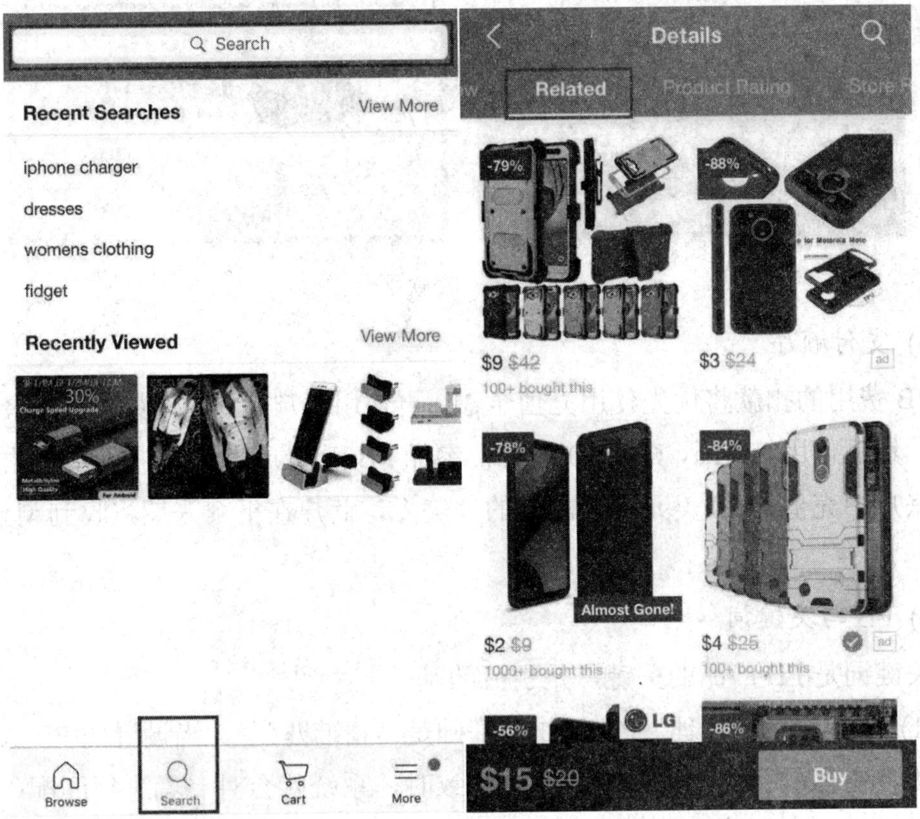

图 5-17　搜索界面

3) PB 的收费模式

PB 是非常经济有效的引流方式，采用的是 CPM(每千人访问费用)的竞价方式，即将单项产品展示给潜在消费者 1000 次收取的费用就是该关键字的价格。产品在消费者的手机界面中出现 1 次，即算作 1 次成功的展示，如此成功出现过 1000 次，无论消费者是否点击查看或者购买，即为关键字价格。

4) PB 的支付方式

商户开展 PB 活动时，分配的预算不可以超过能够花费的最高金额，倘若余额不足，该如何充值呢? Wish 平台目前提供 Payoneer 和 UMPay 两种充值方式。登录“Wish 商户平台”，单击“产品促销→Product Boost 余额→购买 Product Boost 额度”，即可选择支付方式，如图 5-18 所示。

使用 Payonner 支付，需要有 Payoneer 的账户；而使用 UMPay 支付，则无须拥有账户，UMPay 支持微信支付及国内大多数银行付款。

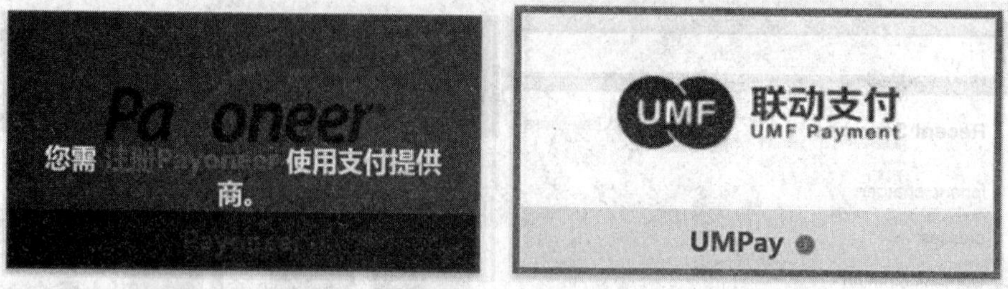

图 5-18　收款平台

5) 支付顺序

PB 费用的扣款将优先使用充值金额，再使用账户余额。例如，账户余额 10 美元，然后使用 UMPay 充值 20 美元，参加 PB 活动共使用 25 美元，则扣除该商户账户中充值的 20 美元和余额中的 5 美元，商户在下个账期将收到剩余的 5 美元。

6) PB 与关键词

关键词是 PB 产品的关键，是引流的基础。

(1) 关键词运作原理。PB 运作的基础是“精准匹配”。当设置的 PB 关键词和消费者在客户端搜索的关键词完全一致时，系统就会对二者进行匹配，将产品推送给消费者。

系统采用智能的动态学习过程，如果系统对该产品非常熟悉，那么也会采取模糊匹配操作将该产品推荐给相关的关键词，这就是相关页面的推荐原理。

(2) 关键词设置规则。

① 关键词长度。PB 系统对于关键词长度没有限制，不过建议不要使用过长的关键词，毕竟消费者不习惯输入比较长的单词。

② 关键词数量。单项产品的关键词数量最多为 30 个。建议关键词不要设置过多，关键词并非越多越好，过多的无效关键词不仅会浪费预算，还有可能影响你的引流效果。

③ 关键词可以由词组构成。关键词可以是多个单词构成的词组，词组之间是否添加空格要视消费者的输入习惯而定，而在系统看来加了空格的词组和未加空格的词组是两个不同的关键词。

④ 单词数量。单个关键词建议最好由 1～3 个单词构成，过长的词组不符合消费者的搜索习惯。

3. 常见问题

(1) 产品售罄或者下架后，还会继续收取流量费用吗?

回答：不会。产品售罄或者下架后，系统就不会再对产品进行引流，也不会再产生流量费用了。

(2) 单次 PB 活动，提交的产品数量是不是越多越好?

回答：不是。准确地说，单次活动提交的产品数量是和此次活动的总预算相关的，提交的产品数量越多，就需要越高的预算，否则产品无法获得理想的展示数量。对于预算有限的商户来说，最好还是将有限的预算集中在几个有潜力的产品上，以获得最大化的销售。

(3) PB 活动开展期间，能对产品的关键词进行修改吗?

回答：可以。产品在 PB 活动开展期间，可以调整 PB 的关键词来优化产品。

专业术语

PB(Product Boost) 付费广告推广

Facebook　脸书

Twitter 推特

Q&A(Question and Answer) 常见问题

CPM(cost per mille) 每千人访问费用

Customer Service Performance 用户服务表现

Customer Feedback 用户反馈

Customer Service Graphs 用户服务图表

Cash Coupons　现金券

Create your first campaign on ProductBoost! 在产品促销活动栏上创建您的第一个活动!

Create Campaign 创建活动

GMV (Gross Merchandise Volume) 网站成交金额

Good Customer Service Increases Your Exposure 优质的用户服务可增加曝光率

Get More Exposure 获取更多曝光

Lower Your Prices 降低价格

Merchandise Sales 卖家销售额

Net Revenue 净收入

Net GMV 净网站成交金额

Performance 业绩

Quality Products get Sales 高质量产品销量比较高

Sales Performance 销售业绩

Sales Graphs 销售图表

操作实践

请利用 Wish 后台数据分析指标对产品进行优化。

实践操作六　订 单 处 理

实践目标

能 力 目 标	知 识 目 标
能通过 ERP 店小秘对 Wish 订单进行订单处理	了解订单处理的基本流程 熟悉订单处理过程中所涉及的专业术语

操作任务

杭州远创电子商务有限公司运营专员张越在 Wish 平台上开店两周以后，陆续收到订单了。张越一方面联系供应商进货，另一方面开始打包发货。请帮助张越完成网上订单处理工作。

任务：通过 ERP 店小秘对 Wish 订单进行订单处理。

操作指南

1. ERP 店小秘订单处理步骤

视频 6-1　订单处理

(1) 登录店小秘。利用已经注册好的店小秘对已经授权的 Wish 平台进行订单处理。进入【订单处理】页，同步并审核订单。单击导航【订单】→【订单处理】，将默认进入【待审核】页。可根据订单规则分类查看订单并完成审核。完成审核后订单移入【待处理】页，可进行下一步的操作。店小秘并不是实时自动同步平台订单的，所以为避免漏发订单，在【待审核】页建议先【同步订单】，同步后订单将保持和平台一致，如图 6-1 所示。

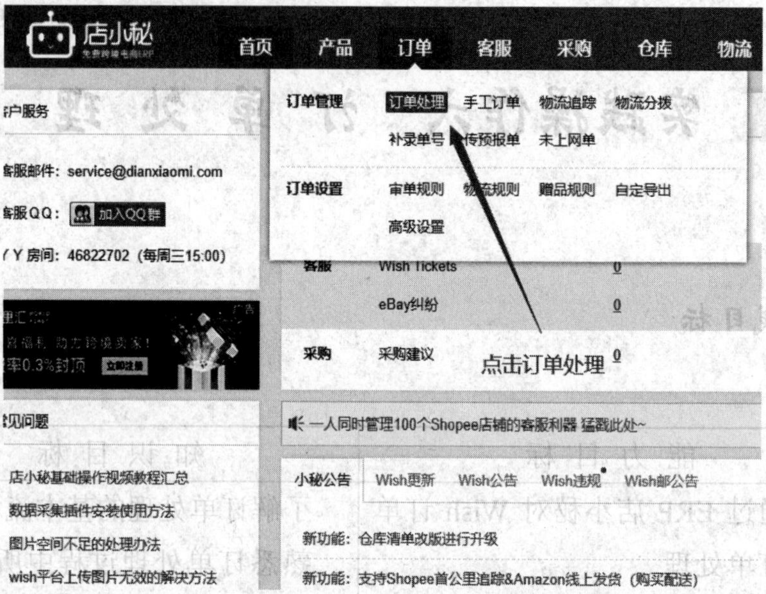

图 6-1　订单处理

(2)【待处理】页完成物流选择和报关信息填写，并申请运单号。订单审核后将移入到【待处理】页，确认完成物流的选择和报关的填写，即可【申请运单号】，订单移入【运单号申请】页，分别如图 6-2、图 6-3 所示。

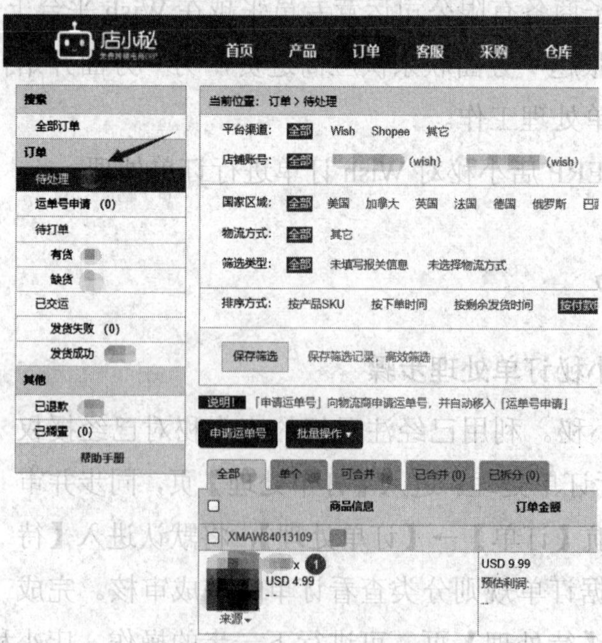

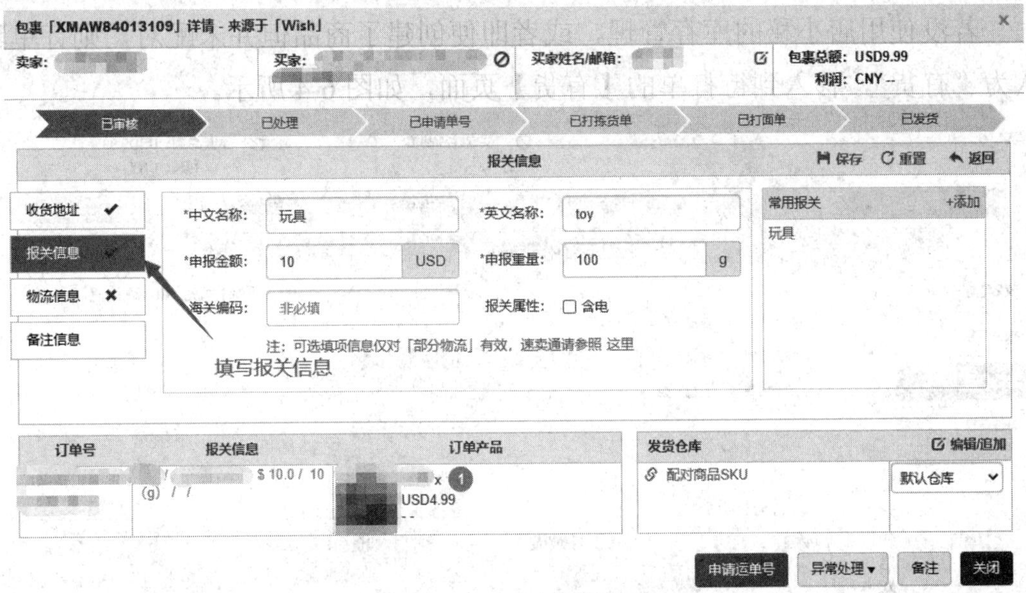

图 6-2　待处理-1

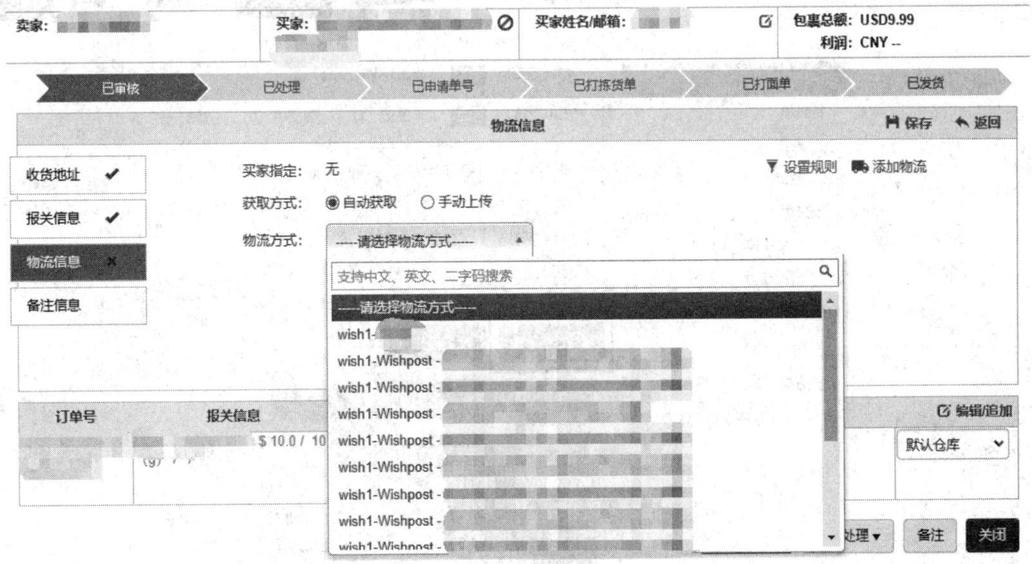

图 6-3　待处理-2

(3) 在【运单号申请】页，运单号获取成功后，将单号移入待打单的【运单号申请】页，也就是向货代系统提交订单信息和报关信息申请运单号的过程。

申请成功即可移入【待打单】页，生成的面单可打印，同时也完成了配货，自动计算出“有货”“缺货”的订单。运单号获取成功的订单在这一步可提前将运单号提交到平台，完成平台的发货状态，即【虚拟发货】。

若没使用店小秘的库存管理，或者即便创建了商品但并未配对，则订单默认为“有货”，移入到待打单的【有货】页面，如图 6-4 所示。

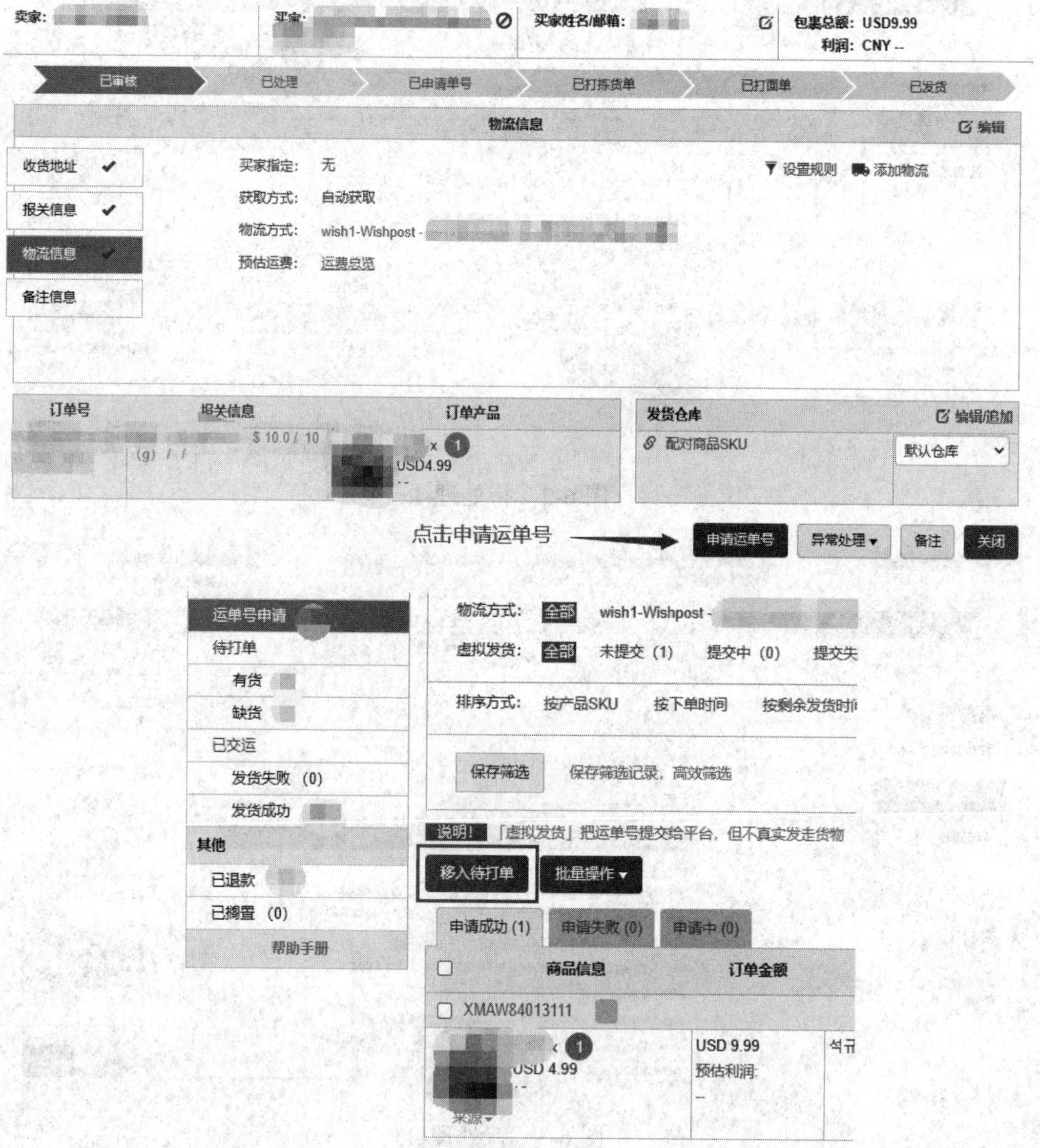

图 6-4　运单号申请

(4) 在【待打单】页，完成打单、发货有货订单，即打印并发货。发货后仓库将自动扣库存，订单移入【已发货】页，完成了订单的整个处理流程，如图 6-5 所示。

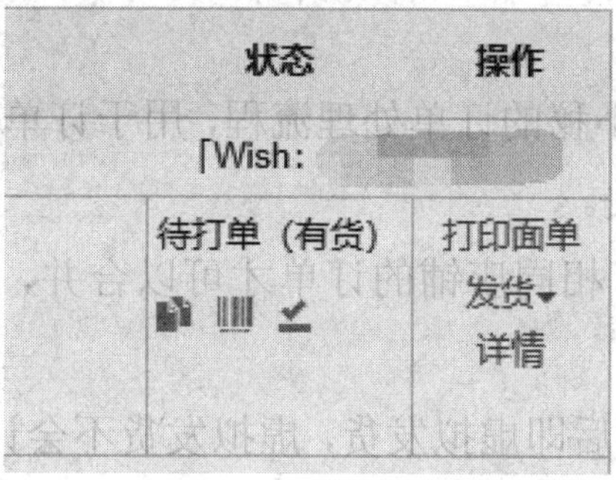

图 6-5　有货订单

打印、发货前也可以提前将运单号提交到平台，完成平台的发货状态，即【虚拟发货】，如图 6-6 所示。

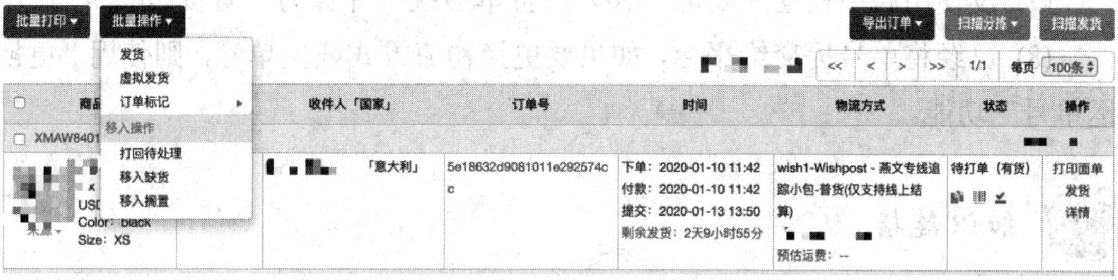

图 6-6　虚拟发货

(5)【已发货】页核实最终发货状态。已发货订单则是将运单号提交到平台，并完成出库发货的订单，如图 6-7 所示。

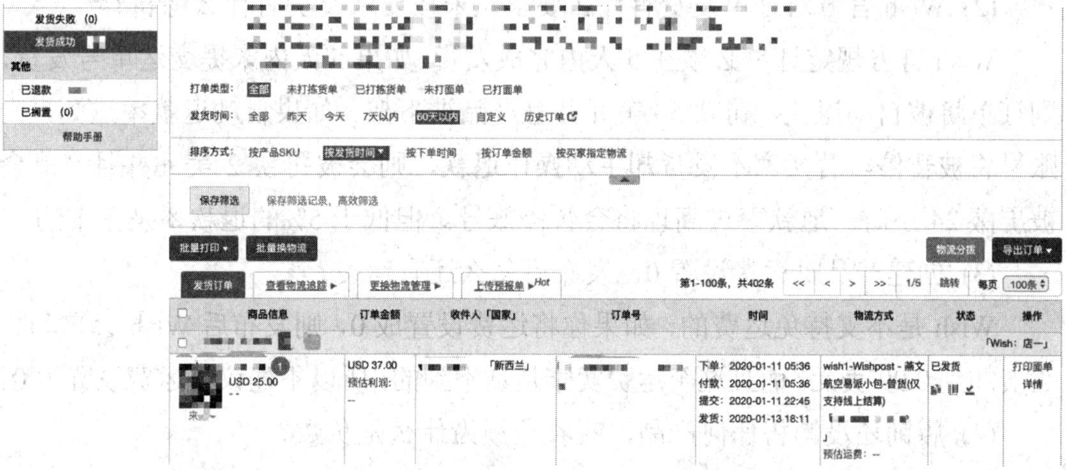

图 6-7　已发货

2．注意事项

(1)“待审核”流程可随时关闭，关闭后所有订单审核规则失效，订单自动移入到“待处理”页。

(2) “待审核”是店小秘的订单处理流程，用于订单审核规则的执行、审核，它和平台的订单状态无关。

(3) 相同收件信息、相同店铺的订单才可以合并，仅支持在“待处理”页合并。

(4) 运单号申请成功后即虚拟发货，虚拟发货不会计算库存，不会自动扣除库存。

(5) 订单必须移入“待打单”页后，才能生成面单可打印。

(6) 在“待打单”页单击“发货”后，才会自动扣除库存。

(7) 没使用店小秘仓库功能，移入待打单后统一计算为“有货”。

(8) 已经将单号提交给平台，如果要更换物流方式或换单号，则使用“更换运单号”功能。

知识链接

(1) 订单处理流程。

在订单处理页面左边就是订单完整的处理流程，总共有五大步骤：待审核→待处理→运单号申请→待打单→已发货。

(2) Wish 官方对订单发货有什么要求？未按要求发货有什么惩罚？

Wish 官方规定订单必须在 5 天内完成发货，如果 5 天内未提交运单号发货，则订单将被自动退款，罚款 50 美元并且产品被下架。如果自动退款率过高，则账号将被暂停。若卖家不发货却主动操作退款，则会被罚款 2 美元并且产品会被屏蔽 24 小时。退款率过高也将会暂停账号。但低于 5%的退款率是正常的。

(3) 创建产品时运费设置 0，发布后怎么还有运费？

Wish 是不支持免运费的，如果你将运费设置成 0，则发布后 Wish 会自动将运费加到 0.99 美元。而且这个运费卖家是拿不到的，所以不建议将运费设置为 0。

(4) 店铺还没销售任何产品，应收金额为什么是负数？

Wish 有一系列的处罚政策，如果你还没有形成订单，则被罚款的原因应该是发布了 Wish 认为的侵权产品，即所谓的仿品。

侵权方式包括：关键字侵权(如名牌、敏感词等)和图片侵权(如有品牌图标、名模、关键部位马赛克、模糊处理等)。受处罚的产品会被 Wish 强制删除，并且会扣除相应的罚款。

(5) 已发货的订单想更换物流方式或运单号，该怎么处理？

如果订单已发货，想更换一个物流方式或运单号重新打单发货，那么使用订单详情页的【更换运单号】功能完成更换。重新选择物流获取运单号，并保存提交到平台。提交后，平台将更换为新的物流方式和运单号(得在单号没有上网信息之前更换)，面单也将更换为新的面单，重新打印一份即可。

订单已移入到【运单号申请】页或【待打单】页，并完成了虚拟发货，即单号提交给了平台。若需要更换物流或运单号，则同样是使用【更换运单号】功能，如图 6-8 所示。

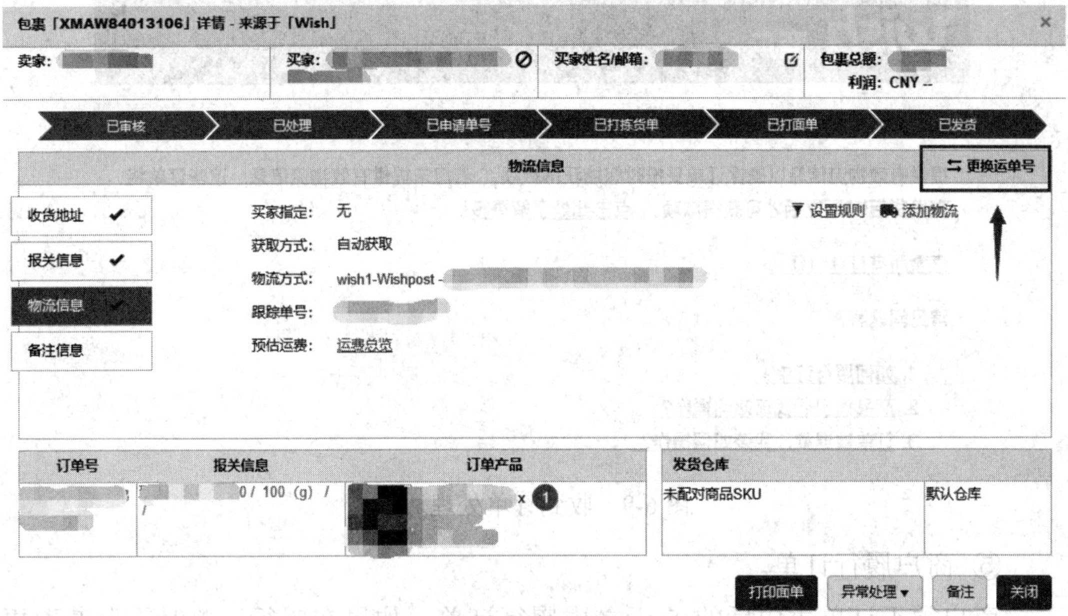

图 6-8　更改单号

(6) 用户下单后会发生什么？

① 一个用户向某一产品下订单。

一个用户选择了某一产品，单击“购买”按钮，并完成付款步骤。用户会填写配送信息并支付相关费用。

② Wish 开始生成订单信息。

订单正在生成中(为保障用户的隐私，用户向与 Wish 平台对接的第三方服务商付款)。产品库存会随之减少，如果库存为 0，则产品前台展示页面将会自动变为“售罄”状态。

③ Wish 验证订单。

Wish 将事先验证用户付款方式和订单信息是否合理。在这一过程中，如果用户没有付款成功，则订单会被取消。考虑到用户可能自行取消订单或欺诈订单的审核，这个订单将被保留 8 个小时，随后推送到未处理订单中。如果该订单触动了系统的欺诈审核机制，则进入审核流程。商户只需履行出现在“未处理订单”列表中的订单。如果某一订单需要被进一步审核，则此订单将会从该列表中消失。如果订单通过审核，则该订单将重新出现。

④ Wish 将给商户发送订单通知。

Wish 将发送“您有新的待履行订单”邮件给商户，如图 6-9 所示。

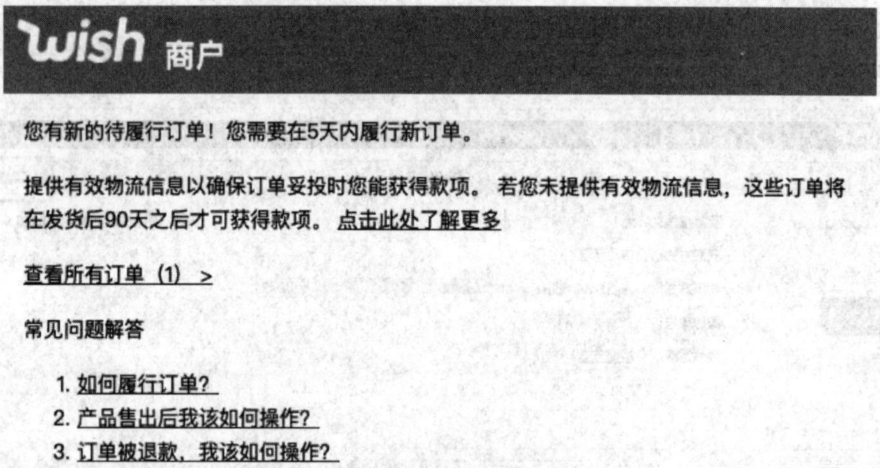

图 6-9　收到订单处理通知

⑤ 商户履行订单。

商户须于订单生成后的 5 天之内履行订单。如果在履行订单时需要获取更多信息，则商户可以单击“联系用户”。

⑥ 商户对订单标记发货。

商户须在商户后台对订单标记发货。物流追踪信息不是必须的，但它将能使商户更快地回款。没有有效物流跟踪信息的订单将会被暂放一段时间，以应对可能因延迟到货或丢包所引起的退款。

⑦ Wish 确认订单妥投。

一旦 Wish 确认订单妥投，该订单就符合放款条件了。如欲缩短回款周期，则商户须为订单提供有效的物流追踪单号，并选用快速的物流服务。

⑧ Wish 将基于订单向商户放款。

Wish 将基于订单向商户放款(去除因商户操作不当产生的扣款)，款项将发放至商户所设置的收款账号里。放款是一个系统自动操作的流程，因此商户将定期收到符合支付条件的订单款项。仅发放符合放款条件的订单款项。

⑨ 用户收到订单。

⑩ Wish 收集用户对商户所提供的服务的反馈。

(7) 为什么在店小秘里的 Wish 退款订单比 Wish 平台上看到的退款订单的数量多?

有些退款订单，Wish 官方是自动处理并隐藏起来的，在 Wish 后台是看不到的。但店小秘通过 API 接口获取数据时，能同步到全部类型的退款订单，所以在店小秘看到的 Wish 退款订单会比在 Wish 平台看到的退款订单多。

专业术语

Action Required　未处理

History　历史记录

Fulfill Orders　完成订单

Fulfillment CSV File Status　完成 CSV(字符分隔值)文件状态

Orders　订单

Closed　已关闭

操作实践

运用订单处理的操作技能在店小秘后台进行订单处理。

实践操作七　跨境物流与配送

实践目标

能力目标	知识目标
能注册 Wishpost 账号 能将 Wishpost 账号绑定 Wish 账号 能操作店小秘授权 Wishpost 能注册货代(货代是指国际货运代理)后台账号	熟悉跨境物流的操作流程 了解跨境物流公司相关政策与到达国家 掌握跨境物流相关英文表达方式

操作任务

杭州远创电子商务有限公司运营专员张越收到来自不同国家的订单，然后开始为商品选择 Wish 官方的物流途径。

任务：注册 Wishpost 账号，将 Wishpost 账号绑定 Wish 账号，用店小秘授权 Wishpost，注册货代后台账号。

操作指南

1．选择物流方式——Wishpost

(1) 打开 Wishpost 注册链接 https://www.wishpost.cn/welcome/#/signup。填写注册信息，如图 7-1 所示。

视频 7-1　Wish 邮注册与绑定

图 7-1　Wishpost 账号注册

(2) 登录 Wishpost 账号，如图 7-2 所示。

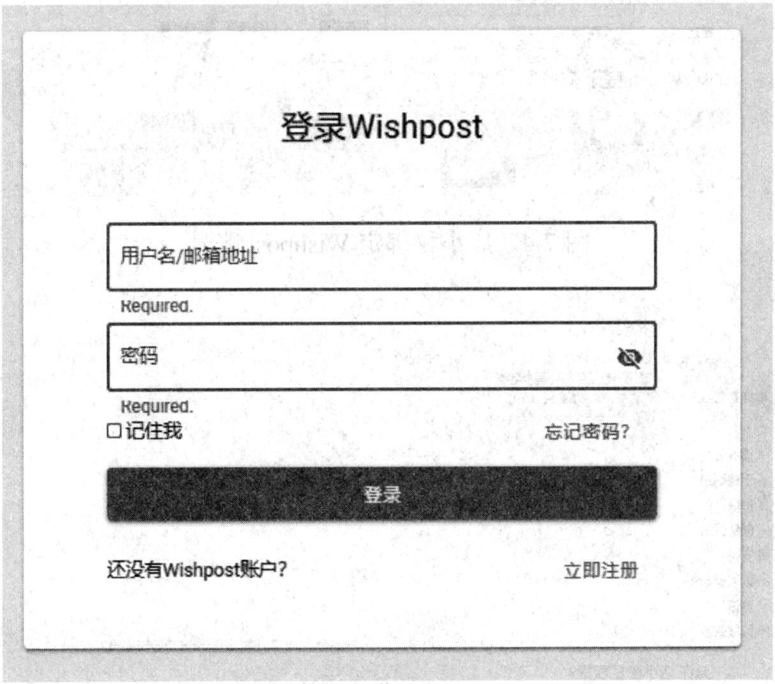

图 7-2　Wishpost 登录

(3) Wishpost 账号绑定 Wish 账号，如图 7-3 所示。

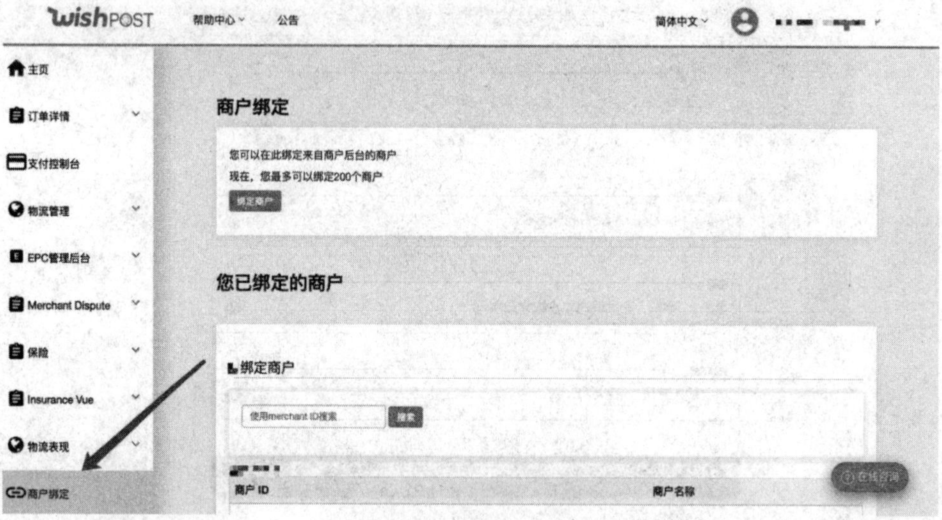

图 7-3　绑定 Wish 账号

(4) 店小秘绑定 Wishpost 账号，分别如图 7-4、图 7-5、图 7-6 所示。

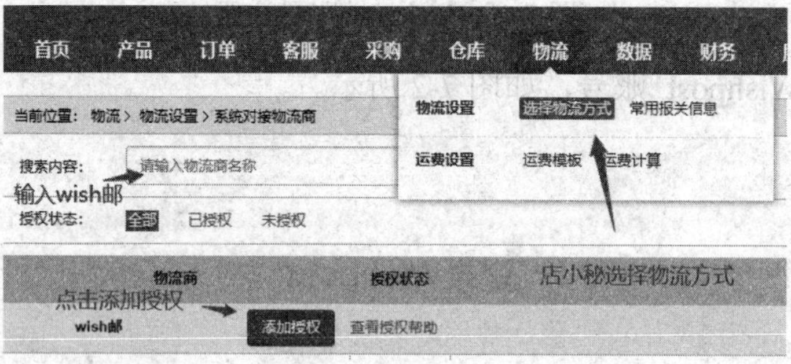

图 7-4　店小秘绑定 Wishpost 账号

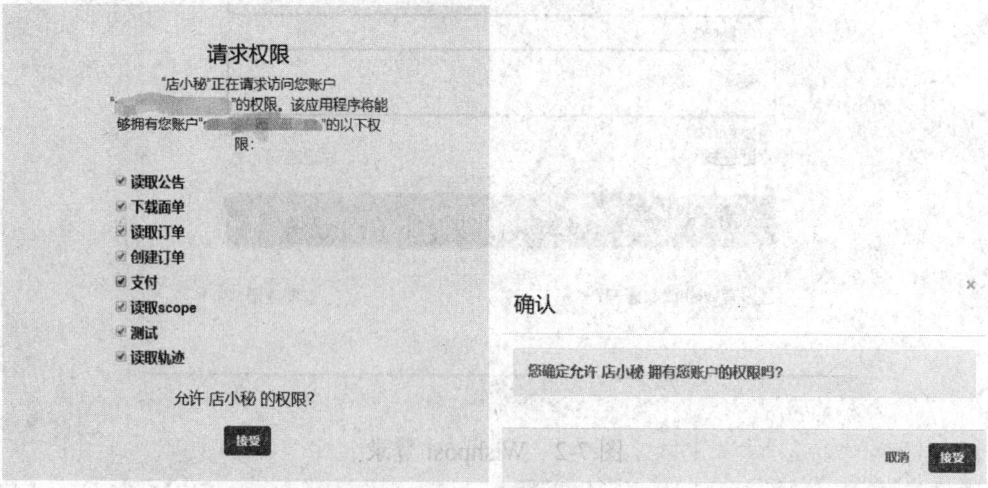

图 7-5　授权

图 7-6　授权成功

(5) 授权成功后，系统自动跳回店小秘“物流设置”页面，单击展开 Wishpost，在搜索框中输入货代名称，单击“启用”，如图 7-7 所示。

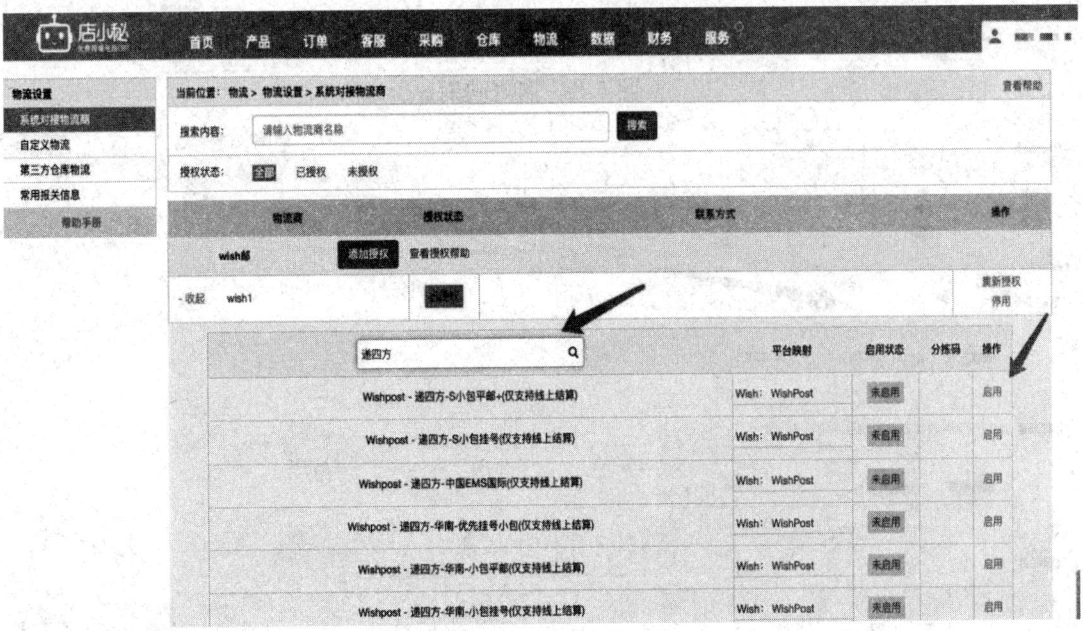

图 7-7　选择货代

(6) 进入货代渠道设置页面，勾选“同意上传产品网址”，在“物流映射”中选择 Wish 发货地为“中国”，如图 7-8 所示。在“揽收/退件”中勾选“上门揽收”，如图 7-9 所示。

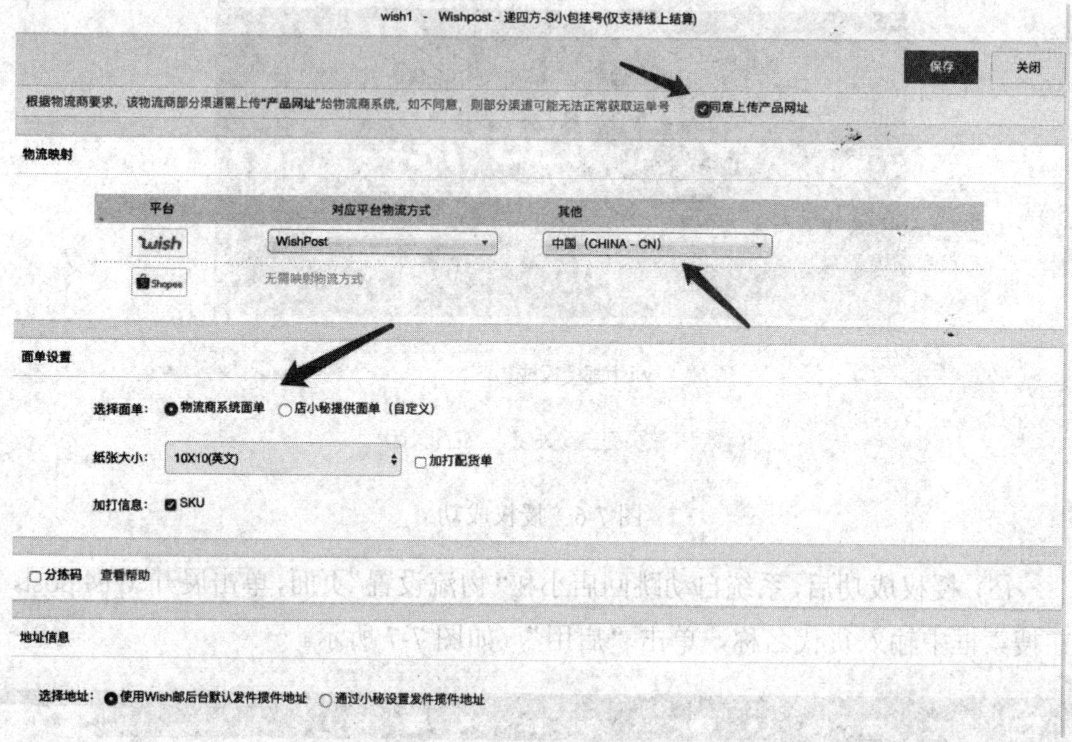

图 7-8　物流映射

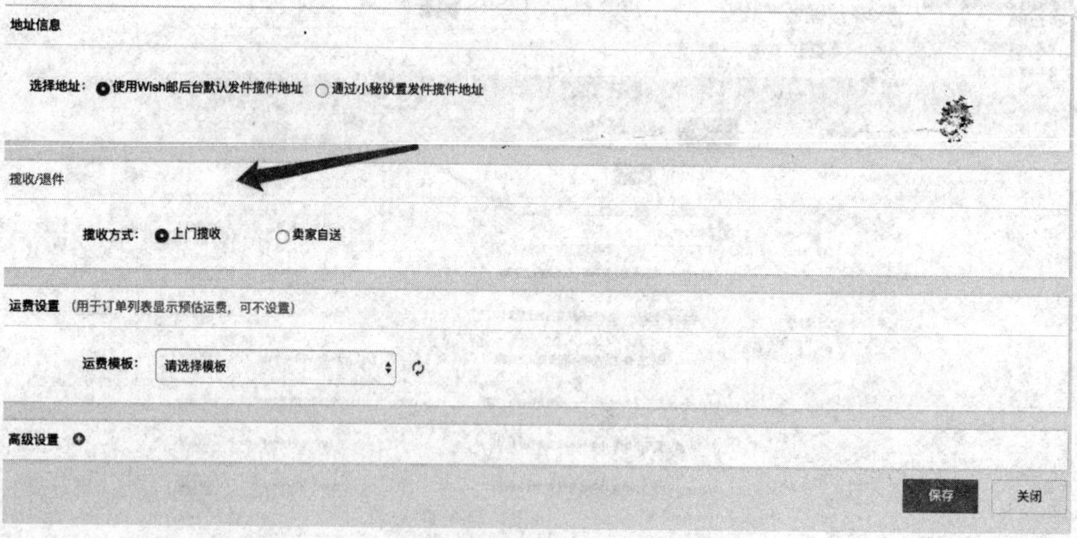

图 7-9　揽收方式

2．注册货代后台账号

案例一：打开 https://www.yw56.com.cn，注册货代“燕文”。直接联系“燕文”客服，同步注册，分别如图 7-10、图 7-11 所示。

图 7-10　燕文官网

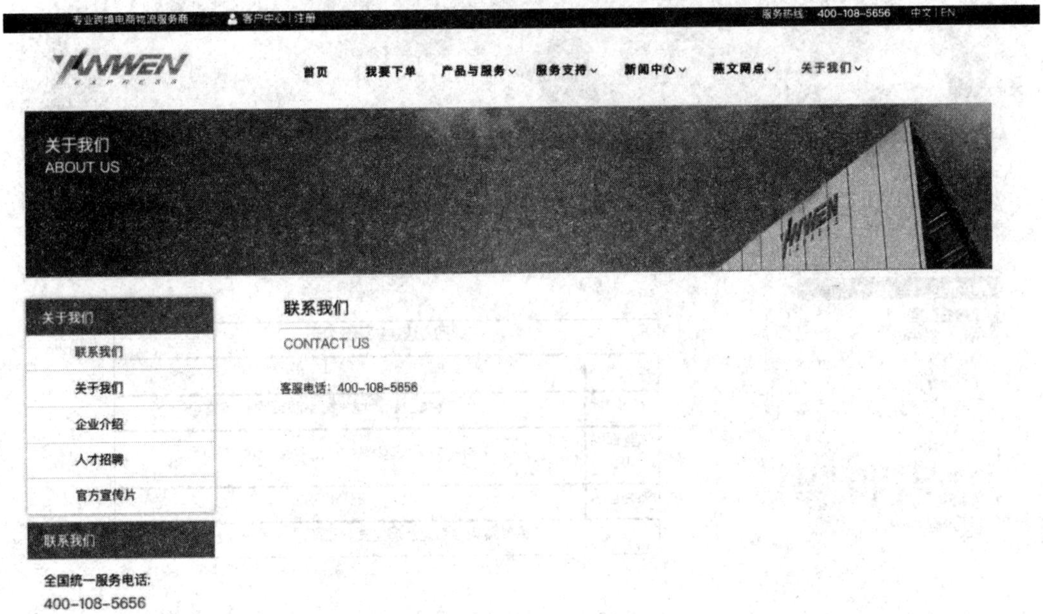

图 7-11　燕文联系方式

案例二：打开网址 http://express.4px.com/#login，注册货代“递四方”。直接联系“递四方”客服，同步注册，分别如图 7-12、图 7-13 所示。

图 7-12 递四方官网

图 7-13 递四方联系方式

3. 物流追踪

案例一：店小秘后台物流追踪。在“订单处理”页的“发货成功”中单击单个产品的物流追踪号追踪物流，分别如图 7-14、图 7-15、图 7-16 所示。

视频 7-2　物流追踪查询

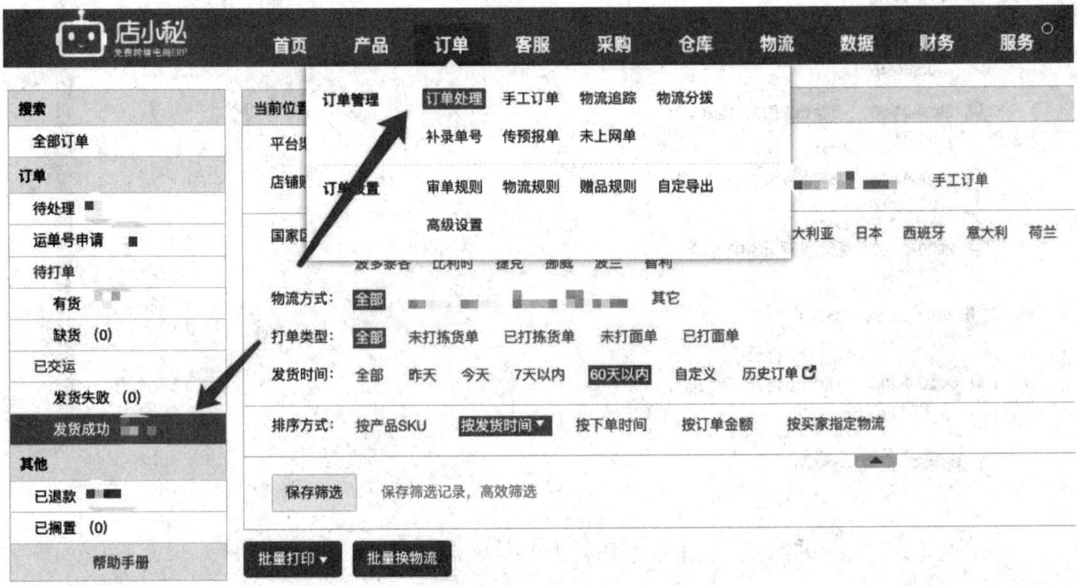

图 7-14　订单处理页面

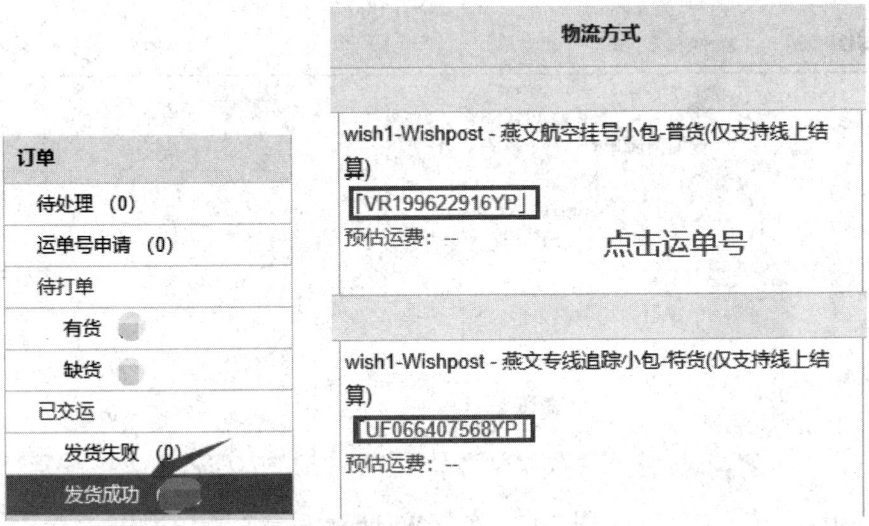

图 7-15　发送成功单个订单页

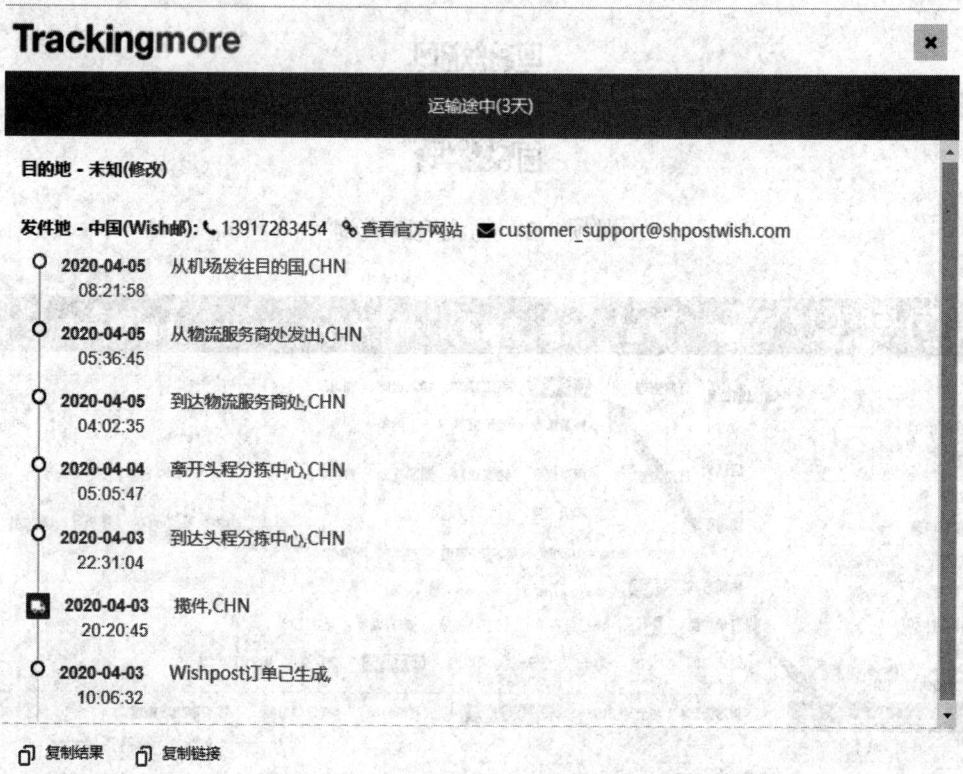

图 7-16　订单追踪信息页

案例二：Wishpost 后台物流追踪。

(1) 登录 Wishpost 后台，输入物流单号，如图 7-17 所示。

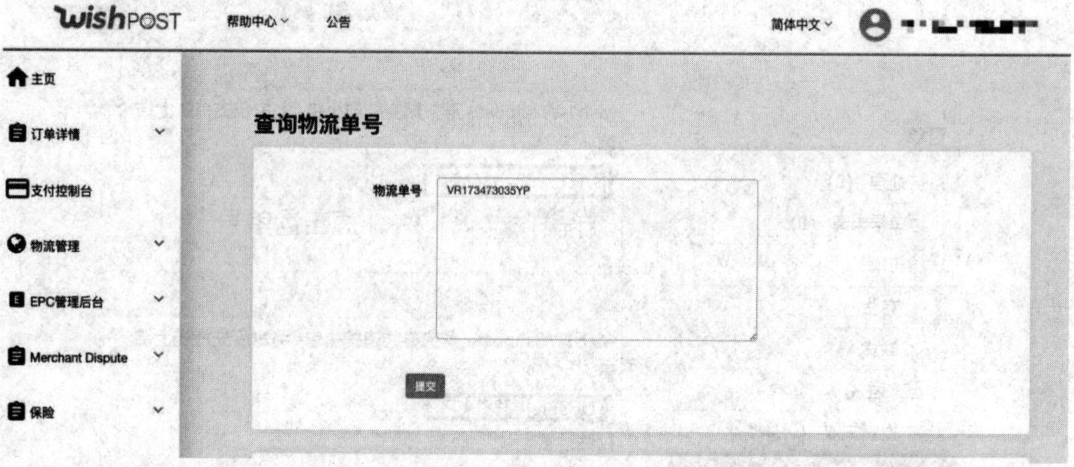

图 7-17　登录 Wishpost 后台

(2) 通过“查询物流单号”来查看物流信息，如图 7-18 所示。

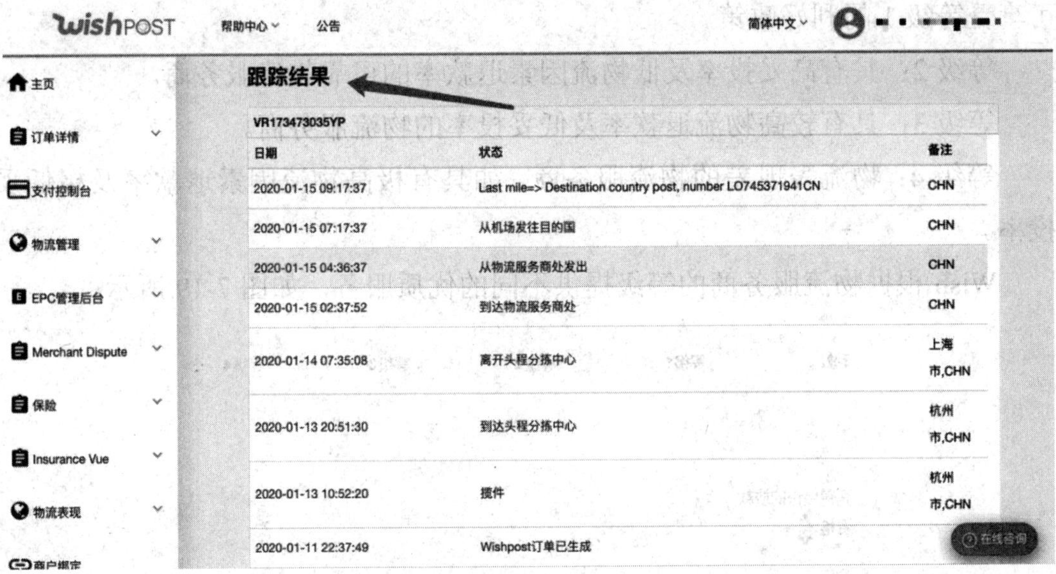

图 7-18　物流追踪信息

知识链接

(1) Wishpost 物流服务商参见表 7-1。

表 7-1　Wishpost 物流服务商

中国邮政	赛诚	DLE	e 速宝	IB
英伦速邮	E 邮宝	DHLe	OWE	UBI
万色	中外运速递	万色	DLP	Asendia
递四方	云途	顺友	YDH	CNE
迦递	燕文	佳成	乐天	Direct Link
顺丰	出口易	通邮	通达全球	AZE
飞特	捷买送	华翰	网易速达	申通快递
全一	东莞邮政	荟芊	EMS	高捷
顺丰东莞	上海邮政	易商供应链		

(2) 如何选择优质的 Wishpost 服务商？

Wish 认可的物流服务商分为 4 个等级。除去等级 1 物流服务商，其余等级均会有一列表，根据物流服务表现列出对应的物流服务商。

等级 1(Wish Express)：仅满足 Wish Express 妥投要求的 Wish Express 订单

可享受等级 1 的利好政策。

等级 2：具有高妥投率及低物流因素退款率的可靠物流服务商。

等级 3：具有较高物流退款率及低妥投率的物流服务商。

等级 4：物流表现差的物流服务商，如具有极高物流因素退款率及极低妥投率。

Wish 根据物流服务商的等级提供不同的优质服务，如图 7-19 所示。

利好	等级1	等级2	等级3	等级4
获得更快的放款资格 $	是	是	是	是
享受Wish Express利好政策	是	否	否	否
获得全明星商户标志	是	是	否	否
曝光量增长	是	是	否	否

图 7-19　不同等级的物流服务商对应的服务

(3) 如何获得更快的放款资格？

若订单未确认妥投，那么订单将于 90 天后成为可支付状态。订单一旦确认妥投，或在用户确认收货 5 天后，将立即成为可支付状态。

但是，如果订单选择配送的物流服务商等级越高，那么将越快获得放款资格。

1 级：Wish Express 订单一旦确认妥投，便成为可支付状态。

2 级：使用 2 级物流服务商配送的订单将于确认发货后 45 天后成为可支付状态。

3 级：使用 3 级物流服务商配送的订单将于确认发货后 75 天后成为可支付

状态。

4 级：使用 4 级物流服务商配送的订单将于确认发货后 90 天后成为可支付状态。

专业术语

Accepted Shipping Providers 合作配送商

Delivery Fees Charged to Customers 卖家承担的运费

Fulfillment & Shipping Performance 完成和配送表现

Join Wish Express Today 从今天开始加入 Wish 邮

Shipping Carrier Performance 物流服务商表现

Ship Your Orders Quickly 迅速发货

Ship Worldwide 全球配送

Shipping Countries 配送国家

Seller Insurance 卖方保险

VAT and Surcharges 增值税和附加费

Update Shipping Settings 更新配送设置

Update Inventory Manually 手动更新库存

Update Inventory via Feed File 通过源文件更新库存

Shipstation　第三方物流平台

操作实践

注册 Wishpost 账号，将 Wishpost 账号绑定 Wish 账号，用店小秘授权 Wishpost，注册货代后台账号。

实践操作八　跨 境 收 款

实践目标

能力目标	知识目标
能注册 PingPong 并绑定 Wish 账号 能注册 PayPal 并绑定 Wish 账号	了解 Wish 放款政策 熟悉第三方收款和银联收款操作流程 熟悉第三方收款平台的规则

操作任务

一个月后，杭州远创电子商务有限公司运营专员张越收到的订单越来越多，客户收货后，货款压在 Wish 平台，等待 Wish 放款。

任务一：注册 pingpong 并绑定 Wish 账号。

任务二：注册 PayPal 并绑定 Wish 账号。

操作指南

1．利用 pingpong 收款

1) pingpong 注册操作步骤

个人及企业卖家均可申请 pingpong 收款账号。

(1) pingpong 注册准备资料。

需要准备的资料有：① 用于注册账号的邮箱；② 用于注册账号的手机号码；③ 身份证正、反面照片；④ 手持本人身份证拍的照片。

视频 8-1　pingpong 与 PayPal 账号注册

(2) pingpong 注册步骤。

注册链接：https://www.pingpongx.com/zh。

① 填写手机号，如图 8-1 所示。

图 8-1　注册页面

② 选择“个人信息注册”，完善信息，如图 8-2 所示。

图 8-2　创建账号

③ 单击“继续完善”按钮，如图 8-3 所示。

图 8-3　完善账号信息

④ 完善邮箱和交易密码并设置安全问题，单击“发送验证邮件”按钮，如图 8-4 所示。

图 8-4　账户选择

⑤ 邮件发送成功，在邮箱中激活，再去实名认证，如图 8-5 所示。

图 8-5　实名认证

2) pingpong 绑定 Wish 店铺

(1) 在 Wish 后台的右上角“账户”中选择“付款设置”，如图 8-6 所示。

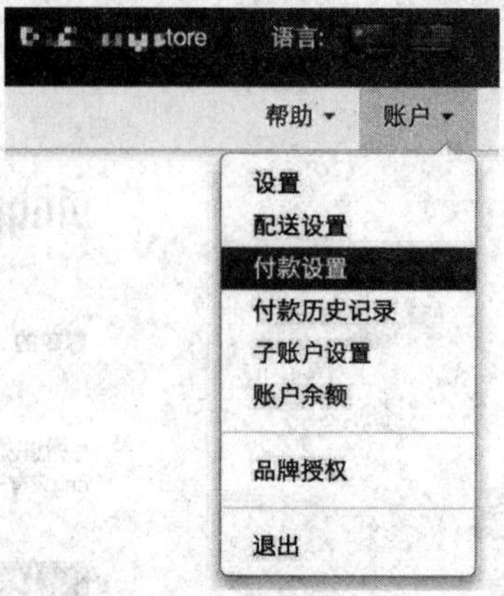

图 8-6　Wish 后台设置

(2) 在页面左侧支付信息中选择提供商为“PingPong 金融”。然后单击下方的注册按钮，跳转到 pingpong 后台确认绑定即可，如图 8-7 所示。

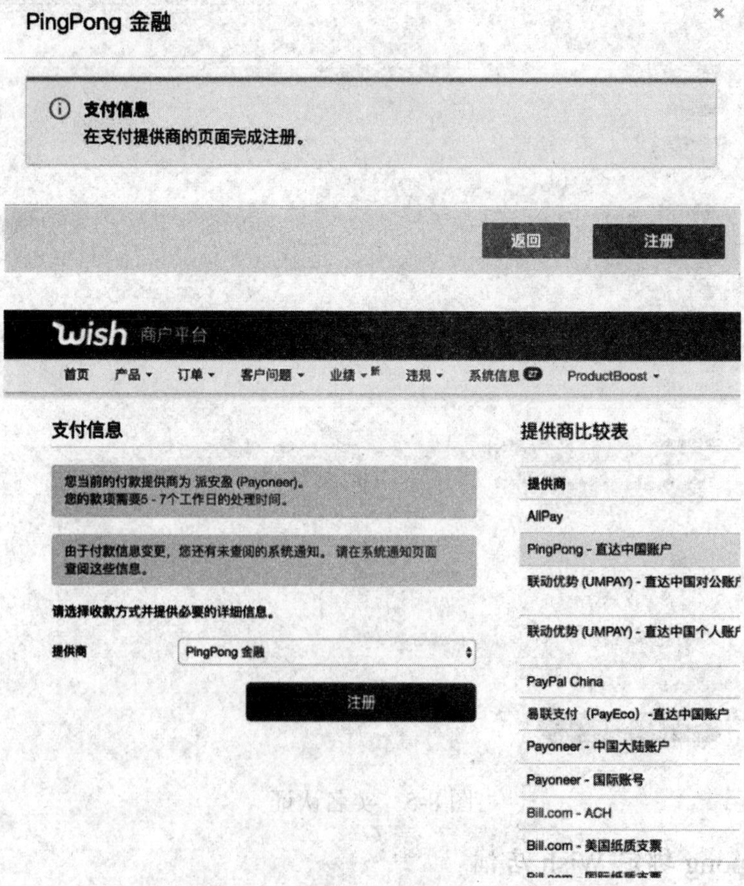

图 8-7　Wish 后台绑定 pingpong

(3) 店铺绑定完成后，在 PingPong 金融后台对店铺进行授权操作，如图 8-8 所示。

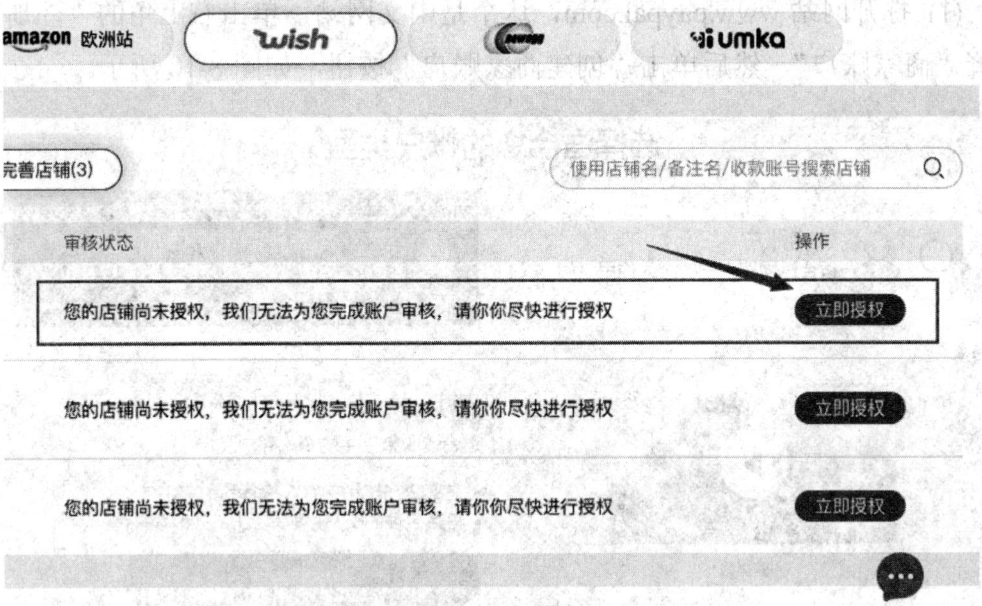

图 8-8　pingpong 后台授权 Wish 店铺

(4) 店铺审核通过之后，进入收益账户页面添加收益账户。填写收款用的银行卡信息，然后提交即可，如图 8-9 所示。

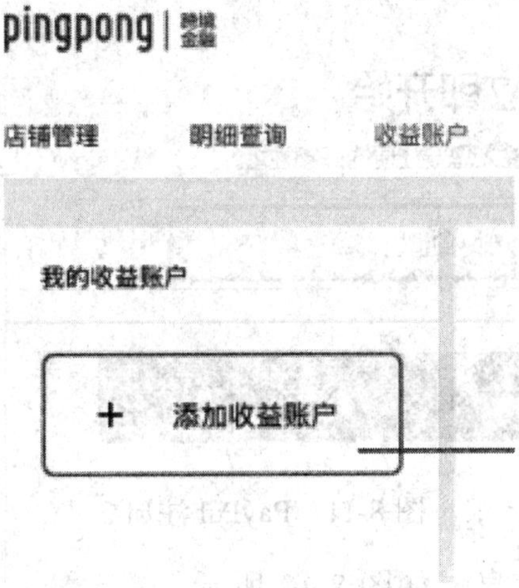

图 8-9　填写收益账户

绑定完成后，在 Wish 定期转款日之后的 5～7 个工作日，被 Wish 截留的货款就可以入账到商户的 pingpong 账户。

2. 利用 PayPal 收款

1) PayPal 账户注册步骤

(1) 打开网站 www.paypal.com，这个是中文网站，单击右上角的“注册”。选择“商家账户”，然后单击“创建商家账户”按钮，如图 8-10 所示。

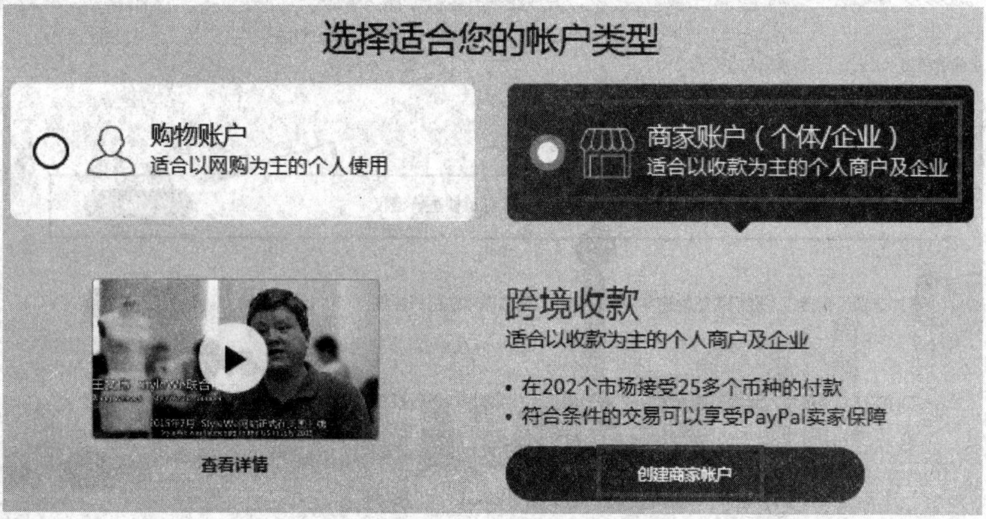

图 8-10 PayPal 注册 1

(2) 输入注册邮箱，如图 8-11 所示。

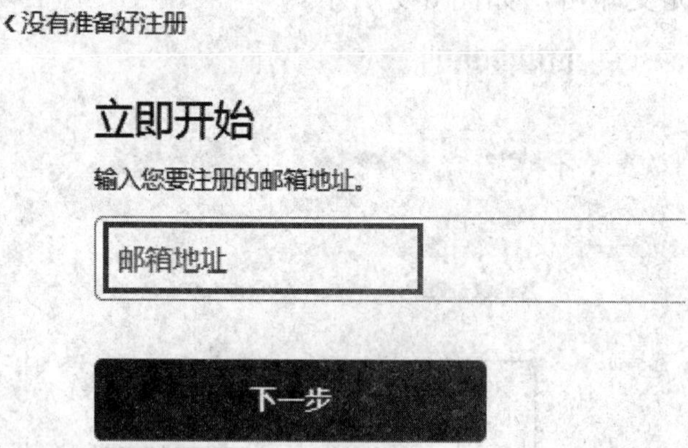

图 8-11 PayPal 注册 2

(3) 填写基本账户信息，如图 8-12 所示。

(4) 提供公司详细信息。比如你是个人独资企业，则需要提供以下信息，如图 8-13 所示。

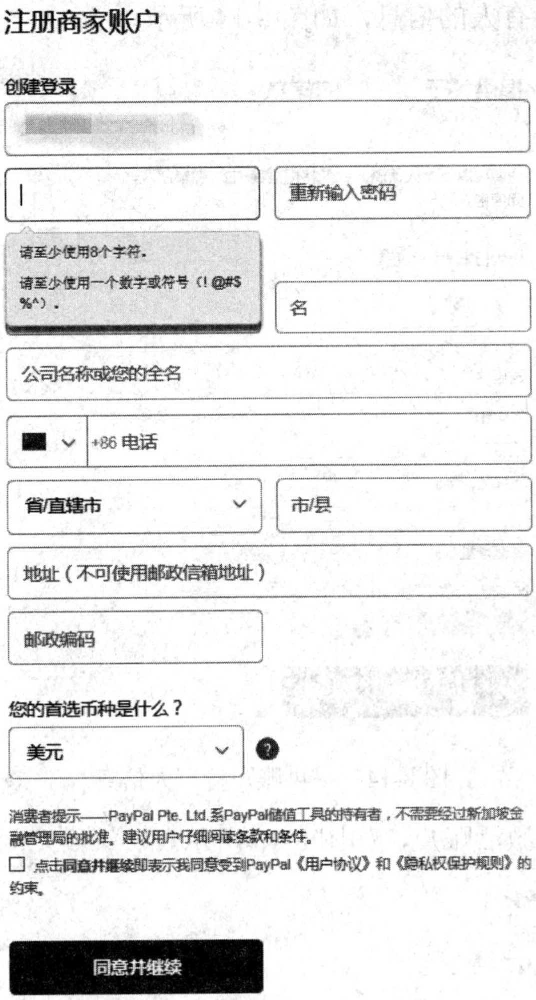
注册商家账户
创建登录
重新输入密码
请至少使用8个字符。
请至少使用一个数字或符号（!@#$%^）。
名
公司名称或您的全名
+86 电话
省/直辖市
市/县
地址（不可使用邮政信箱地址）
邮政编码
您的首选币种是什么？
美元
消费者提示——PayPal Pte. Ltd.系PayPal储值工具的持有者，不需要经过新加坡金融管理局的批准。建议用户仔细阅读条款和条件。
点击同意并继续即表示我同意受到PayPal《用户协议》和《隐私权保护规则》的约束。
同意并继续

图 8-12　完善基本账户信息

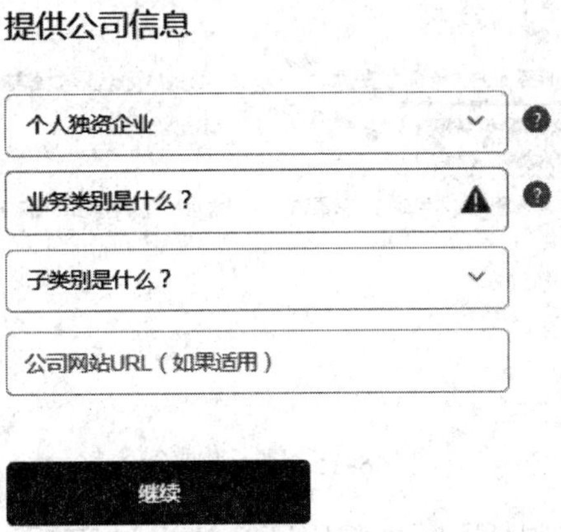
提供公司信息
个人独资企业
业务类别是什么？
子类别是什么？
公司网站URL（如果适用）
继续

图 8-13　提供公司详细信息

(5) 提供账户持有人的信息，如图 8-14 所示。

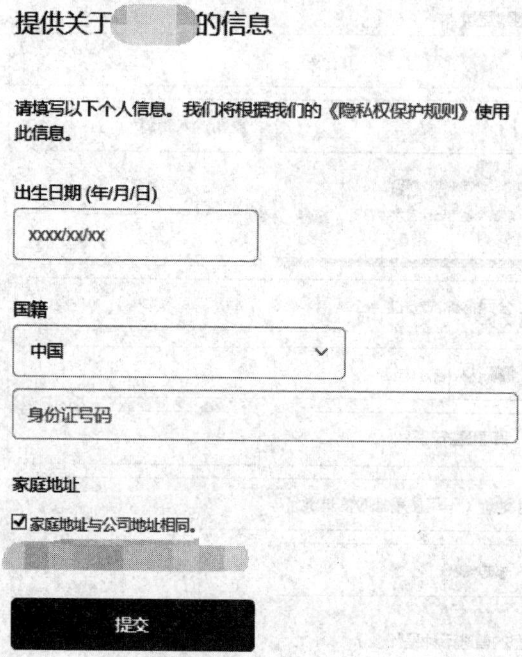

图 8-14　提供账户持有人信息

(6) 验证邮箱，激活账户，如图 8-15 所示。

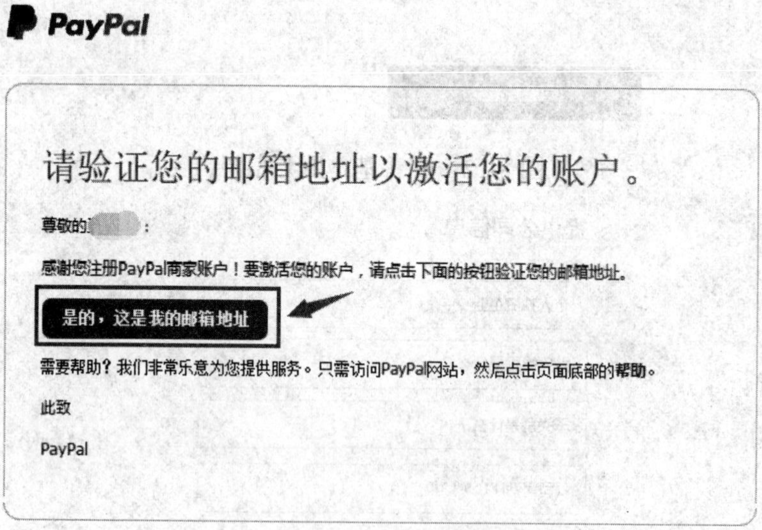

图 8-15　验证邮箱

(7) 账户认证。绑定银联卡进行认证，认证结束后才能从 PayPal 账户提现，如图 8-16 所示。

认证方式以下任选其一	流程	周期	支持银行/卡类型
银联卡	在您添加银联卡后，您会收到银联发送的短信验证码，请您根据页面提示输入验证码，即可完成认证。	即时	银联借记卡或单币种信用卡
国际信用卡	在您添加国际信用卡后，我们会从卡上暂时扣除1.95美元，并在信用卡对账单上生成一个4位数代码。您可登录PayPal账户输入此代码，完成认证。1.95美元将在24小时内退回您的PayPal账户。	2-3个工作日	带有Visa、MasterCard或American Express标识的双币种信用卡

图 8-16　银联认证

2) Wish 绑定 PayPal 账户步骤

单击 https://merchant.wish.com/payment-settings 并选择 PayPal China，如图 8-17 所示。

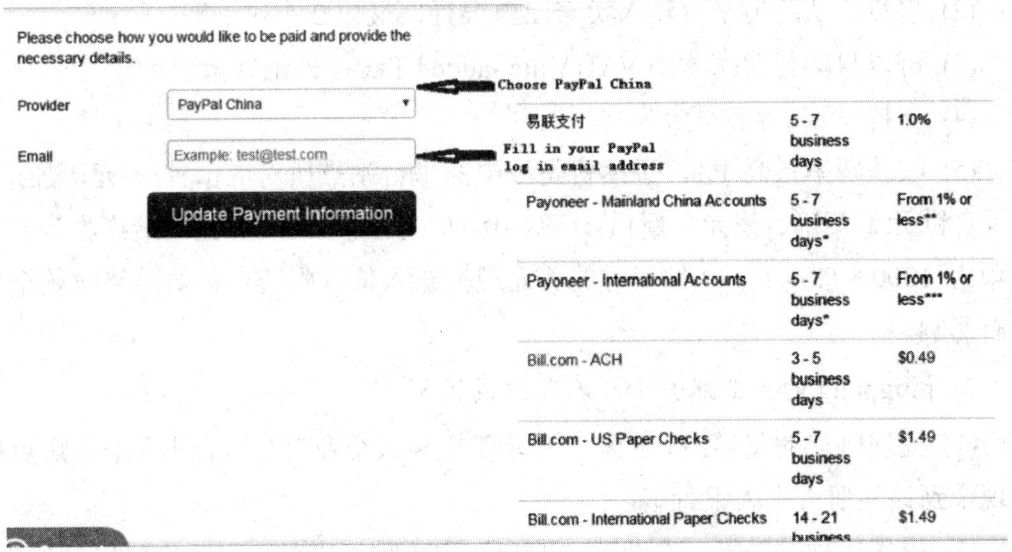

图 8-17　Wish 绑定 PayPal 设置

知识链接

1. PayPal 介绍

个人和公司身份均可以申请 PayPal。PayPal 是一个全球支付平台，可以在 200 多个国家使用。PayPal 账户余额的使用方便简单，提取账户余额的方式灵活多变。

PayPal 的特点如下：

(1) PayPal 按交易金额的百分比收取一定的平台服务费，因此适用于单笔交易低于 3000 美元的小额交易。

(2) 严格执行假冒伪劣商品检查工作。一旦被发现销售假冒伪劣商品，账户将立即被冻结。

(3) 账户误操作很容易被冻结交易金额的 3.9%+ 0.3USD(美元)。货款到卖家银行账户的速度非常快，并立即可用。从 PayPal 取现需要 2～7 个工作日。

2．pingpong 介绍

个人和公司身份均可以申请 pingpong。

1) pingpong 跨境收款的优势

(1) 提前向跨境电商平台收取卖家的货款，保证资金回笼。

(2) 将货款从跨境平台转入卖家国内银行，最快 2 小时到账。

(3) 可以自动替卖家缴纳 VAT(Value-added Tax 国外销售增值税)。

(4) 支持 Wish 等多平台收款。

(5) 收款费率最高 1%，手续费是按电商平台站点所对应币种(美元、加币、日元、欧元、英镑、澳元、新币)计算，例如，提现 1000 美元，最终收到的人民币为 1000 × (1 – 1%) × 结汇时的美元现汇买入价。收费币种对最终收款金额没有影响。

2) pingpong 的企业账户和个人账户的区别

(1) 提现账户的差异：企业账户提取现金到该企业对公银行卡；个人账户提取现金到该注册人个人银行卡。

(2) 提现币种的差异：企业对公账户提现币种可以是人民币也可以是外币；个人账户收款币种一般默认为人民币。

3．Payoneer 介绍

个人和公司身份均可以申请注册 Payoneer。

Payoneer 的特点如下：

(1) 不存在国家有关个人外汇交易最高 5 万美元的结算限额。

(2) 支持多币种交易，按官方汇率交易。

(3) 支持万事达卡、美国银行账户和欧洲银行账户收款。

(4) 提取现金手续费比例较高，不得低于交易金额的 1%。

4. Wish 支持的收款方式

Wish 支持的收款方式以及每种方式对应的 Wish 官网具体政策如表 8-1 所示。

表 8-1 Wish 支持的收款方式及具体政策

收款方式	Wish 官网具体政策
联动支付(UMPAY)——直达中国账户	手续费：1%(2016.11.15—2017.5.30 期间为 0.9%) 手续费将从完整的支付款项中扣除 5～7 个工作日内将款项转入您的银行账户 需在中国大陆有一个银行账户(借记账户) 不需要拥有 UMPay 账户 不收取货币兑换手续费(汇率以 UMPay 合作银行实时汇率为准)
PayEco(易联支付)	直接支付人民币 5～7 个工作日内将款项转入您的银行账户 手续费：1%(2016.11.30—2017.5.31 期间为 0.9%) 手续费将从完整的支付款项中扣除 需在中国拥有一个银行账户 每月 1 日及 15 日向您支付款项
AllPay	手续费：收款的 0.8% 结算款将在平台放款后 5～7 个工作日直接转入您的银行账户 直达中国大陆个人银行账号(借记卡) 收款转换汇率采用交易发生时合作银行(平安银行)的公开汇率，汇率透明优惠；货币兑换时没有任何额外附加费用
Payoneer	支付款项将直接以美元为货币单位转入您的 Payoneer 账户 可从 Payoneer 账户中提款至您的本地银行账户(如人民币账户、欧元账户等) 从 Payoneer 账户提款操作需要数个工作日 可使用您已拥有的 Payoneer 账户或创建一个新的 Payoneer 账户来收款

续表

收款方式	Wish 官网具体政策
Payoneer	每月 1 日及 15 日向您支付款项 中国大陆账户对 Wish 大卖家开放极具吸引力的分级提款手续费政策(起始手续费为 1%或更低) 国际账户根据您所在地区收取最多为 1%的提款手续费
PayPal	费率：0.1%的服务费直接从账款总额中扣除 账款将以美元形式在 5～7 个工作日内到达您的银行账户 请注意 PayPal 目前仅适用于本地货币代码为 USD 的商户 本地货币代码为 CNY，但目前是通过美元收款的商户也可使用 PayPal 账户来收款 可使用已有 PayPal 账户或创建一个新的账户
pingpong——直达中国账户	费率：1%或更低(没有隐性费用) 已经是 pingpong 用户的商户可以通过单击几个按钮来进行收款(新用户需要先注册账户) 款项转入您的当地银行账户可能需要 6 个工作日 根据提款金额进行收费

专业术语

Account Balance　账户余额

Corresponding Payables to 3rd Party Merchant　第三方平台应付款项

Payments　付款

操作实践

注册一种收款方式并绑定 Wish 账户。

实践操作九　关 系 管 理

实践目标

能 力 目 标	知 识 目 标
能处理平台封号申诉 能处理客户与 Wish 的关系	掌握平台申诉英文信函格式与写作要求 掌握与客户沟通的英文信函格式与写作要求 掌握关系管理的技能与技巧

操作任务

任务一：杭州远创电子商务有限公司运营专员张越收到 Wish 系统有关客户订单退款通知。请根据实际退款原因，妥善处理客户与 Wish 的关系。

任务二：杭州远创电子商务有限公司运营专员张越收到 Wish 客户经理来信，来信通知张越的 Wish 商户账号已被暂停。请替他写一封申诉书，以解冻被封的店铺。

操作指南

1. 根据实际退款原因妥善处理客户与 Wish 的关系

视频 9-1　退款查看

(1) 查看系统信息的退款通知，如图 9-1 所示。

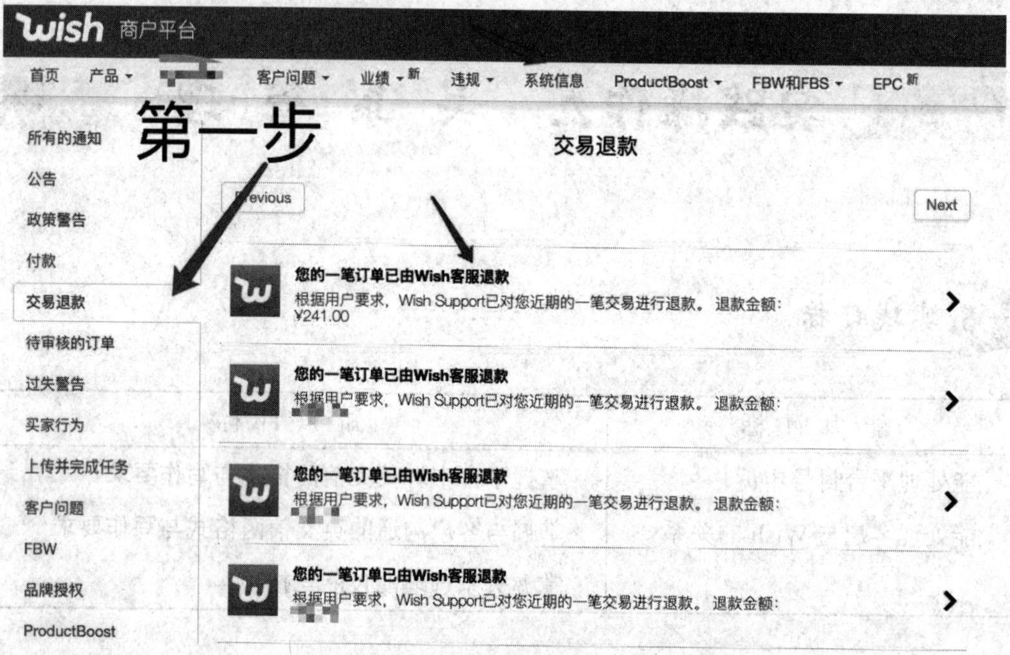

图 9-1　退款通知

(2) 在订单详情页查看“客户问题”，如图 9-2 所示。

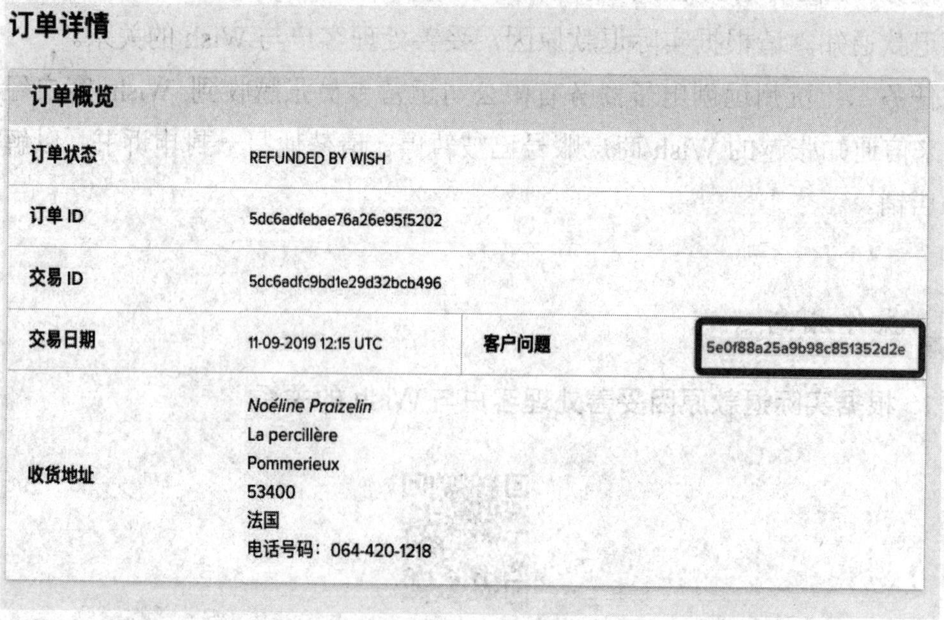
订单详情
订单概览
订单状态 REFUNDED BY WISH
订单 ID 5dc6adfebae76a26e95f5202
交易 ID 5dc6adfc9bd1e29d32bcb496
交易日期 11-09-2019 12:15 UTC
客户问题 5e0f88a25a9b98c851352d2e
收货地址
Noéline Praizelin
La percillère
Pommerieux
53400
法国
电话号码：064-420-1218

图 9-2　订单详情页

(3) 了解清楚客户退款的原因。查看客户问题反馈页面，如图 9-3 所示。

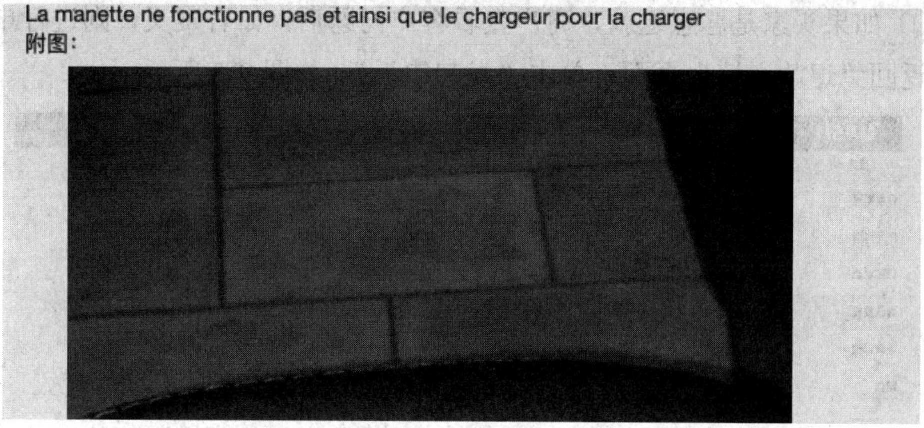

图 9-3 客户邮件

客户想退款的原因通常有以下几种：

① 货本身不合客户要求，如颜色、尺码、质量等不合适。

② 未收到货，比如买家买后反悔；产品显示已妥投，但买家未收到货；运输时间过长，买家需要取消订单；恶意退款。

(4) 根据实际情况，采取相应的措施。

第一种情况：不向 Wish 平台申诉，接受退款。

分析：买家申请退款，商户查看退款理由，如果买家说的确有其事，则同意 Wish 退款，不申诉，不用操作。Wish 后台自动处理退款流程，如图 9-4 所示。

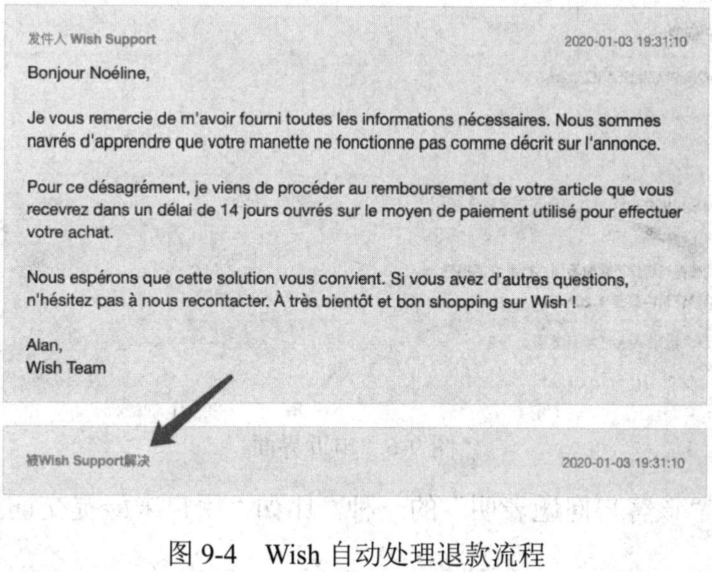
发件人 Wish Support 2020-01-03 19:31:10

Bonjour Noéline,

Je vous remercie de m'avoir fourni toutes les informations nécessaires. Nous sommes navrés d'apprendre que votre manette ne fonctionne pas comme décrit sur l'annonce.

Pour ce désagrément, je viens de procéder au remboursement de votre article que vous recevrez dans un délai de 14 jours ouvrés sur le moyen de paiement utilisé pour effectuer votre achat.

Nous espérons que cette solution vous convient. Si vous avez d'autres questions, n'hésitez pas à nous recontacter. À très bientôt et bon shopping sur Wish !

Alan,
Wish Team

被Wish Support解决 2020-01-03 19:31:10

图 9-4 Wish 自动处理退款流程

第二种情况：不接受退款，向 Wish 平台申诉。

① 如果买家是恶意退款，商户查看客户问题后，如有疑义，则进行申诉操作。返回“退款详情”页面，单击“发起申诉”，如图 9-5 所示。

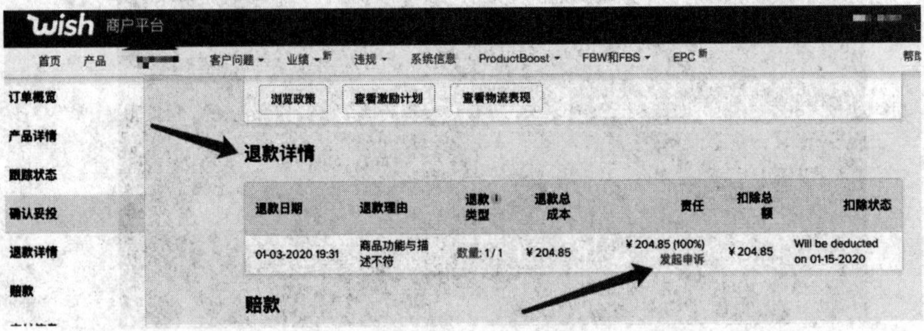

图 9-5　发起申诉

② 提交申诉，如图 9-6 所示。

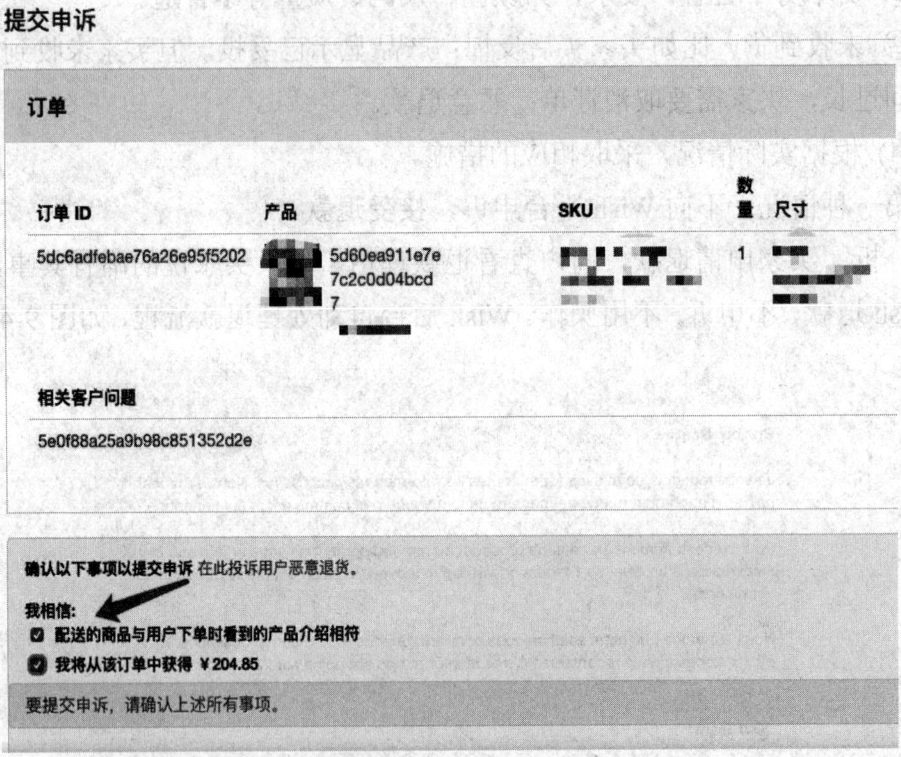

图 9-6　申诉界面

③ 勾选“该客户问题表明”的一种，比如“用户未能提交证据”，如图 9-7 所示。

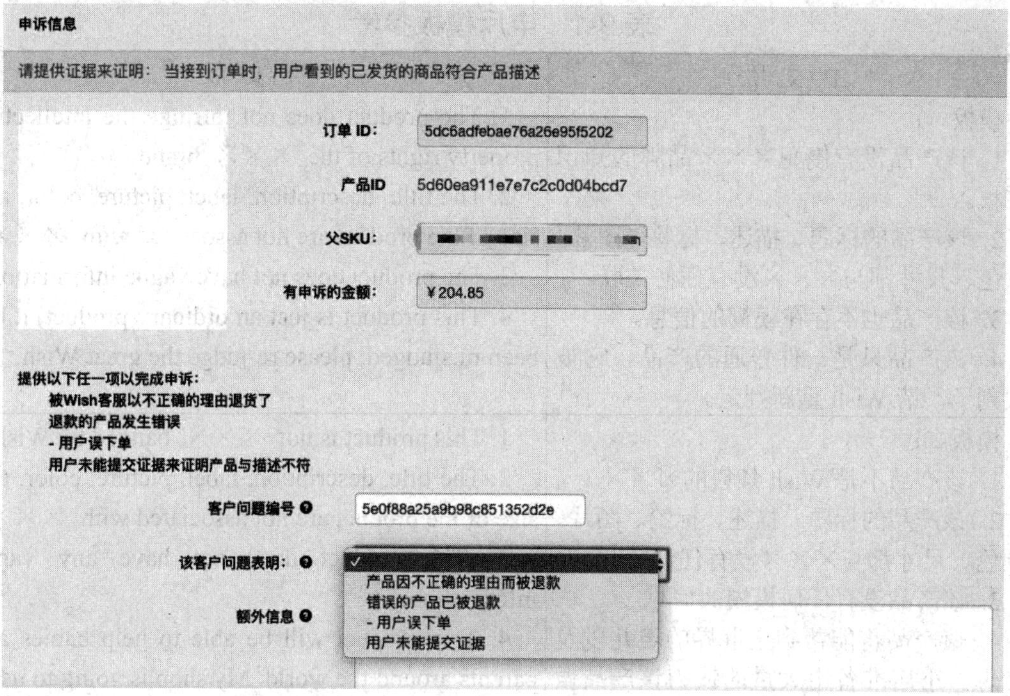

图 9-7 客户问题表明

④ 填写“额外信息”并上传截图文件，如图 9-8 所示。

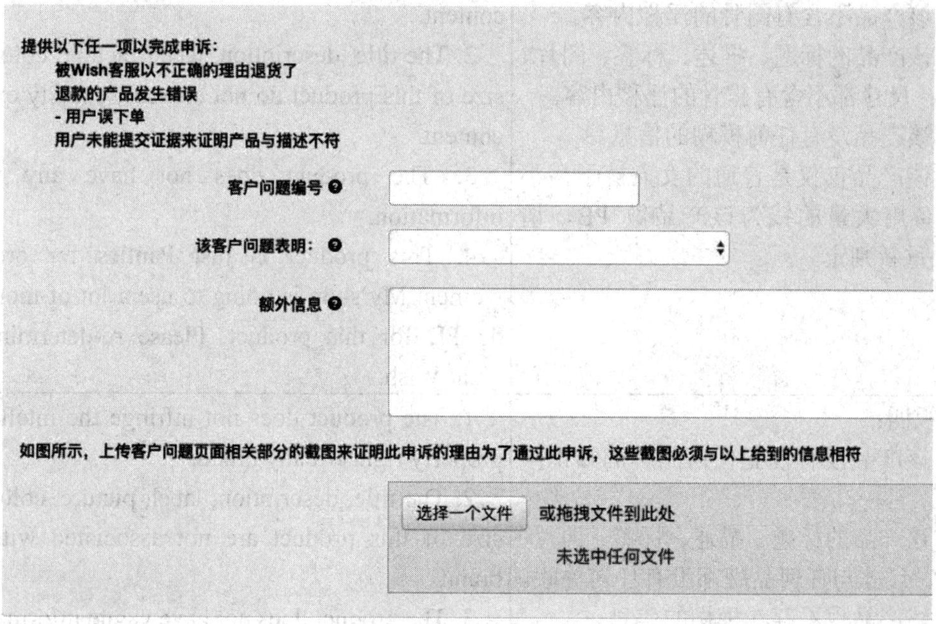

图 9-8 上传申诉材料

申诉模板参考如表 9-1 所示。

表 9-1　申斥模板参考

中 文 版	英 文 版
模板一： 1. 该产品没有侵犯×××品牌的知识产权。 2. 该产品的标题、描述、标签、图片、颜色、尺寸都与×××没有任何关联。 3. 该产品也不存在模糊的信息。 4. 该产品只是一件普通的产品，它被误判了，请 Wish 重新判定。	1. The product does not infringe the intellectual property rights of the ××× brand. 2. The title, description, label, picture, color, and size of the product are not associated with ×××. 3. The product does not have vague information. 4. This product is just an ordinary product, it has been misjudged, please re-judge the great Wish.
模板二： 1. 该产品不是 Wish 禁售的×××。 2. 该产品的标题、描述、标签、图片、颜色、尺寸都与×××没有任何关联。 3. 该产品没有任何模糊的信息。 4. 该产品将能帮到全世界的婴儿以及父母，小店准备用大量的钱为该产品做 PB，请 Wish 重新判定。	1. This product is not ××× banned by Wish 2. The title, description, label, picture, color, and size of the product are not associated with ×××. 3. The product does not have any vague information. 4. This product will be able to help babies and parents around the world. My shop is going to use a lot of money to do PB for this product. Please re-determine the great Wish.
模板三： 1. 该产品不含有露骨的淫秽内容。 2. 该产品的标题、描述、标签、图片、颜色、尺寸都不含有露骨的淫秽内容。 3. 该产品没有任何模糊的信息。 4. 该产品仅仅是普通的女人裤子，小店准备用大量的钱为该产品做 PB，请 Wish 重新判定。	1. This product does not contain sexually explicit content. 2. The title, description, label, picture, color, and size of this product do not contain sexually explicit content. 3. The product does not have any vague information. 4. This product is just Panties for ordinary women. My shop is going to use a lot of money to do PB for this product. Please re-determine the great Wish.
模板四： 1. 该产品没有侵犯任何品牌的知识产权。 2. 该产品的标题、描述、标签、图片、颜色、尺寸与任何品牌都没有任何关联。 3. 该产品也不存在模糊的信息。 4. 该产品只是一件普通的产品，它被误判了，请 Wish 重新判定。	1. The product does not infringe the intellectual property rights of any brand. 2. The title, description, label, picture, color, and size of this product are not associated with any brand. 3. The product does not have vague information. 4. This product is just an ordinary product, it has been misjudged, please re-judge the great Wish.

2. 处理平台封号申诉

(1) 收到 Wish 客户经理来信先不要急，打开 Wish 后台了解清楚是什么原因导致封号。

(2) 了解清楚原因之后，确定写申诉信的步骤。申诉信内容分为三部分，第一部分承认错误，第二部分陈述补救措施，第三部分恳请归还账号。

视频 9-2 申诉模板

案例一：卖家由于退款率太高导致 Wish 平台封号，卖家向 Wish 平台申诉原文。

> Dear Seller Support,
>
> We are really sorry for the high refund ratio right now.
>
> We check all the orders that be refunded and find that almost all the orders had been refunded for the long shipping time. It is known that we offer all the orders with tracking numbers and hope to offer customers a better shipping service, resulting in that the shipping time had been delayed.
>
> Based on the situation, we will change the shipping services and use "Wish Express" next year. Also in order to show our sincerity, our company plans to list the product with our USA brand next year. And we will set up a dedicated team for Wish to offer customer a best service.
>
> Please help us re-activate our account. We really want to work with Wish! Thanks for your help.
>
> Yours,
>
> ×××

案例二：卖家由于商品质量及物流太慢导致 Wish 平台封号，卖家向 Wish 平台申诉原文。

> Dear Seller Support,
>
> I feel shocked and really sorry about this, we always provide best products and service for customers. We are so contributed on the products and didn't notice the vender is irresponsible for his products that is why now we face this situation.
>
> We have changed the vender and promise we will never make this happen again.
>
> Now we have the best vendors and the best products also we are planning to use Wish Express to make sure we can provide the fastest and safe express service to customers.

We have completed plenty of orders on Wish. I think customers also feel good to use it. Most of our products were designed and developed by ourselves, we have the best price and they are unique on Wish.

I believe we will both have a nice experiment by cooperating with each other. Hope you can give us a chance to prove ourselves.

Thank you very much.

Best Regards,

Yours,

×××

分析：退款率过高是可以通过申诉来重开店铺的。

写申诉信时需陈述的要点：

(1) 认识到自己的问题。

(2) 说明自己退款率高的原因。

(3) 减少退款率的方法。

申诉成功的几个要点：

(1) 首先详细分析被关店的原因。

(2) 针对关店原因逐个查证。

(3) 申诉时首先承认自己的错误，然后针对各种原因提出解决方案。

(4) 针对每个订单一一解释自己的问题及原因，并附上截图。

(5) 说明自己公司在 Wish 平台的发展目标，并且会更加积极地跟平台的政策走，例如，要加大 WE(Wish Express，Wish 海外仓)、FBW(Fulfillment By Wish，Wish 海外仓)、PB 的投入。

(6) 结束语尽量表明以后不会出现此类错误，希望可以解封店铺。

只要做好以上几点，一般的店铺都能大概率申诉回来!

知识链接

1. Wish 账号被暂停运营或永久关闭情况列举

(1) 销售假冒或侵权产品。规避措施如下：

① 避免上传任何侵犯知识产权的产品。

② 移除所有包含未经授权的侵权内容的相关产品图片、标题以及描述。

③ 严肃对待违规行为并且绝不再侵犯知识产权。

④ 保持低仿品率。

(2) 没有遵守确认妥投政策。

(3) 出售 Wish 禁售品。

(4) 询问客户个人信息。

(5) 要求顾客汇款。

(6) 提供不适当的用户服务。

(7) 欺骗用户。

(8) 要求用户访问 Wish 以外的店铺。

(9) 违反 Wish 商户政策。

(10) 关联账号被暂停。

(11) 高退款率。

(12) 重复注册账号。

(13) 店铺正在发空包给用户。

(14) 使用虚假跟踪单号。

(15) 发送包裹至错误地址。

(16) 高延迟发货率。

(17) 使用无法证实的跟踪单号。

2．如何降低退货成本

一般来讲，以下三种情况下，卖家需要提供退货服务。

(1) 买家拒签退回的货物。

(2) 买家拆开包裹后不满意需要退换货。

(3) 卖家为了提高客户体验，设定了退换货服务。

由于跨国运费高，相对于国际运费来讲，境内物流运费相对便宜得多，而且时效快，因而对于卖家来讲，尽可能将买家需要退回的货物退到海外仓储，选择海外仓储系统成熟的跨境电商平台。对于这些退回的货物，卖家可以选择直接入库，进行二次销售，或是对退回的货物进行拍照确认，然后决定是否要入库重新销售。如果退货确实有质量问题，则价值高的物品可以选择退回国内维修后再重新销售，对于价值低的物品直接弃货。

专业术语

Account Manager 客户经理

Brand University 品牌大学

Awaiting Users 等待用户

Customer Returns 顾客退款

Contact 联系人

Contact Support 联系客服

Documentation 文档

FAQ (frequently asked question) 常见问题解答

Knowledge Base 知识库

Infractions 违规

Resubmit for Counterfeit Review 重新提交仿品审核

操作实践

假设因产品质量问题退款导致账号被暂停使用，请根据这种情况向平台写一份申诉信。

附录1　Wish平台规则与政策

一、Wish与商户协议(2014)

我单击“同意”按钮，表明我已经阅读Wish与商户协议的全部内容，并且同意：

(1) Wish可以对我所展示的商品价格及商品运费在一定的变动区间内进行调整，这个举措不会影响Wish已经同意的按一定百分比或一定金额向我支付的款项。否则，Wish按钮调整价格，但是我将承担所有代收货款及退货费用，同时Wish不会对我的产品进行任何推广。

(2) 商户不得售卖被美国消费品安全委员会(CPSC)鉴定为对消费者有害并被召回的商品。商户不得做出以下行为：欺诈或售卖非法商品、仿品和偷盗物品。欺诈是指商户故意告知买家虚假情况，或者故意隐瞒真实情况，诱使买家购买的行为；非法商品是指商品资料、商品(包括包装)包含非法内容；仿品是指未经注册商标所有人的许可，在产品本体或包装上伪造、模仿与该注册商标相同或相似的商标，以及以次充好的产品；偷盗物品是指以非法占有、秘密窃取、盗窃的方法获得的公私财物。

(3) 商户提交、上传、展示的内容以及商户的行为不得涉及：诽谤，恶意中伤，非法威胁，非法骚扰，假扮他人或模仿他人(包括但不限于Wish员工或其他商户)，错误描述或通过用相似电子邮箱地址、昵称、错误账号或使用其他方法和设备等造成混淆或误认的行为。

(4) 商户不得在Wish平台为Wish以外的其他平台或商家承揽业务，利用Wish平台直销商品或宣传Wish以外的网络平台、服务及实体店。

(5) 商户不得违反禁止性事项和行为协议、Wish 商户政策(http://merchant.wish.com/policy/home)、Wish与商户协议(http://merchant.wish.com/terms-of-service)、任何Wish网站政策及社会规范、任何适用法律、法规、条例或规范(包括但不限于政府出口管制、消费者保护、不公平竞争、反歧视或虚假广告)。

(6) Wish可以因客户争议和客户赔偿延迟向商户支付货款和冻结应付账款，直至针对该事项的调查完成之日。

商户不能进行以上任何的禁止性事项和活动。如果商户违反了任何一条规定，Wish 可以暂时关闭商户的账户并冻结商户账户项下的全部货款。

二、Wish 与商户协议(2016 修改)

请您在使用 ContextLogic，Inc.(Wish 提供的本网站和服务)之前，仔细阅读以下协议条款(“协议”或者“服务条款”)。这份协议对您使用 http://www.wish.com 网站及 Wish 在本网站上提供的所有服务都提出了具有法律约束力的条款、条件和政策。通过注册或使用这些服务，表示您同意接受本协议条款的约束，包括针对您注册的每项服务所使用的条件和政策。

您(商户)在 Wish 上的任何操作，包括但不限于查阅和浏览，均意味着您接受这份协议(包括条款和/或链接中的附加条款、条件和政策)的约束。这份协议适用于所有 Wish 的商户。

本协议的内容包括协议正文以及 Wish 平台所有已经发布或将来要发布的各项条款、条件和政策(包括但不限于法律声明、隐私条款等)。所有条款、条件和政策为本协议不可分割的一部分，与本协议正文具有同等法律效力。

Wish 有权随时更改部分或全部的服务条款、条件和政策。当 Wish 推出新的协议条款时，新协议条款在商户单击“同意”按钮时生效。您登录或继续使用“服务”即表示您已经阅读并接受经修订、更新的协议。如果商户不同意条款、条件和政策的任何变更或更新，则商户必须按规定终止本协议。

当您与 Wish 平台发生争议时，应以最新的协议为准。除另行明确声明外，任何使“服务”范围扩大的新内容均受本协议约束。

1. Wish 是一个平台

Wish 作为一个平台，允许遵守 Wish 政策的商户提供和销售价格最优的商品。Wish 不会直接干涉买家和卖家之间的交易。Wish 无法控制所售商品的质量、安全性、道德性和合法性，也无法控制商品列表的真实性和准确性以及卖家销售商品的能力和买家购买商品的能力。Wish 不会确保每一位买家或者卖家都会真正地完成一单交易。因此，Wish 并不能使得商品的法律所有权从卖家转移到买家。

Wish 不能够担保商户或者买家的身份、年龄和国籍的真实性。Wish 支持您通过 Wish 上可用的工具与您潜在的交易伙伴直接交流。您同意 Wish 是一个平台并且不需要对任何网站内容负责，例如您、其他商户或者外部各方在 Wish 上上传的数据、文本、信息、用户姓名、图表、图片、照片、档案、音频、视频、物品和链接。您使用 Wish 平台和服务应自行承担风险。

在法律允许的最大范围内，Wish 以及 Wish 的关联机构将免于承担以下事宜的责任且您及您的关联机构放弃相应的请求权：① 对本协议、本协议项下的服务、声明、保证与预期交易，包括对产品的适销性、产品的特定目的性或商户不侵权的任何默示担保；② 基于交易过程、合同履行或交易惯例产生的默示担保；③ 不论是不是由于 Wish 过失而产生的相应义务、责任、权利、主张或侵权救济。

如果您与第三方就您的产品产生争议，则您和第三方都不应向 Wish(及其代理人和员工)提出与此争议相关的任何形式和性质的主张、要求和损害赔偿(包括实际损害和间接损害)，不论这些主张、要求和损害赔偿是否已知、确定或已被披露。

2. 成员资格

年龄：Wish 的商户服务仅适用于 18 周岁以上(含 18 周岁)并且能够根据适用的法律签署合同(具有法律效力)的个人。您声明并保证您年满 18 周岁并且所有您提交的注册信息都是准确和真实的。Wish 有权自行决定拒绝某些个人或实体使用 Wish 网站，而且可以随时改变资格标准，在法律禁止时和法律规定需要访问网址时除外。

年龄小于 18 周岁的个人，任何时候使用 Wish 都要有父母或者年满 18 周岁的法定监护人的陪同和监管。在这所有的情况下，该成人作为商户将对其所有活动负责。

承诺：您同意遵守您所在国家有关在线行为的法律法规以及适用的所有法律法规。您将承担所有税款。另外，您必须遵守本协议中列明的 Wish 政策和下面列出的 Wish 政策文件(如果该政策适用于您的活动或您使用本网站的行为)以及本网站上 Wish 时常发布的所有其他操作规则、政策和程序。以上每一项在此协议中都有包含，同时 Wish 可能会不时地在没有通知您的情况下更新：商户政策、退货政策、隐私政策和支付政策。

另外，本网站提供的部分服务需要服从于 Wish 不时发布的附加条款和条件。您对这些服务的使用需要服从于这些附加条款和条件，这些条款和条件构成本协议的组成部分。

如果您是法人，您应向我们承诺并保证，在注册时及整个协议期间内：① 您是依据您所在国法律合法设立、有效存续并良好运营的；② 您拥有所有必需的法律资格、权利、能力并有权签订本协议和履行相应义务，拥有本协议要求的权利、许可和授权，并已依法获得经营您的业务所需的所有许可、批准和执照；③ 您和您所有的关联机构将在您履行本协议项下的义务和行使权利过程中遵守所有适用的法律。

密码：确保您的密码安全。您需要承担所有因您没有妥善保管您的密码而导致的责任和损失。您同意当您发现存在密码未经授权而被使用或者任何违反安全的行为时，将会立刻告知 Wish。您也同意 Wish 将不会对因您没有妥善保管密码而产生的任何损失承担责任。您同意在没有 Wish 书面允许的前提下，不会将您的用户名和密码提供给除 Wish 之外的任何其他第三方。

账户信息：您必须随时更新您所使用的账户信息并保证其准确性，包括保持邮箱地址的有效性。在 Wish 上销售产品，您必须提供和保持有效的支付信息，例如一个有效的 PayPal 账户。由于您未遵守前述条款而产生的损失由您全部承担，Wish 对此不承担任何责任。

账户转让：您不能转让或者出售您的 Wish 商户账号和用户名给任何其他第三方。如果您代表企业注册，则您本人需要证明您有权代表该企业签订本协议，且本协议的效力归属于该企业。

拒绝服务的权利：Wish 的服务不适用于短暂的或者无限期暂停的 Wish 用户。Wish 保留自行决定删除未经验证和不活跃的账户的权利。Wish 保留在任何时间，以任何理由，拒绝服务任何人的权利。

3. 费用和账款

在 Wish 上创建账户、开设店铺都是免费的，上传商品信息也不会被收取任何费用。根据双方的协议，Wish 将从每笔交易中按一定百分比或按一定金额收取佣金。Wish 可以单方面决定在任何时间改变部分或全部服务。如果 Wish 引入了一项新服务，则新服务的费用报价在新服务引入时即生效。若无特殊说明，则全部费用均以美元(USD)计价。

在特殊情况下，包括但不限于作废和无效的交易，Wish 会根据卖家的账单声明开具其签订本协议时的注册地址或住所地所适用的流通货币的信用证。对于在 Wish 上的操作和销售，商户将自行承担其所有费用及税款。

价格：价格是指商户对某一产品本身设定的价格，其中包括税款、关税和其他适用的任何费用。在 Wish 平台上，商户需列出所售商品的价格及运费。Wish 会根据所列商品的价格及运费(一定百分比或一定金额)来支付商户。为了提高销售额，Wish 保留对商户所展示的价格及运费做调整(在经过商户预先同意的价格变动范围内)的权利。Wish 向商户支付的款项所遵循的一定百分比或一定金额不受以上举措的影响。如果商户没有预先设定价格变动范围，则 Wish 将不会更改价格，但该商户需要支付 Wish 代收货款的费用和所有的退货费用。同时 Wish 将不会对其产品进行推广(没有商户通知、DPA 广告和折扣优惠)。

商户已完成并经买家确认的交易将在发货后 90 天内获得付款。无法确认是否发货以及无法确认交易是否完成的订单不符合付款政策，Wish 可以单方面决定延迟汇款并扣留应支付商户的付款或本协议下其他到期款项，直至确认交易完成。Wish会按一月两次的频率向商户支付经确认的有效订单的款项。这笔款项是净额：根据商户与Wish的收入分成或成本协议，从商户设定的价格(包括产品价格和运费)中减去Wish的收费。

4. 商品信息上传和销售

上传说明：上传商品信息时，商户必须保证商户本身及商品的所有属性均遵守 Wish公布的政策。您保证您合法销售该商品。商户必须准确地描述商品及商铺内所有商品销售条款的相关说明。商品上传的内容仅包括描述、图表、图片和其他与商品销售相关的内容。商户应给予商品恰当的分类和恰当的标签并对每个产品列表中销售的商品进行准确、完整地描述。如果某商品的库存量大于一，则该商品所在的产品列表中的所有商品需完全相同。

店铺政策：所有商户必须制定其Wish店铺的政策。店铺政策包括运费、退货、付款和销售政策。商户必须制定自己的、合理的和善意的店铺政策并严格遵守。所有店铺政策必须服从Wish的全站政策，店铺政策与Wish的全站政策不同时，以Wish的全站政策为准。商户有责任执行合理的店铺政策。Wish保留要求商户修改店铺政策的权利。

担保销售：店铺所产生的所有销售均需由商户担保完成。因商户未及时完成订单而产生的费用及相应后果全部由商户自行承担。商户有责任快速完成订单或处理买家的交易，除以下特殊情况：因法律法规及政策、自然灾害、战争或罢工等事先无法预见因素导致的交易不能实现。

规避费用：商户应准确设定每个商品的价格。商户可以收取合理的运费和手续费来弥补包装和运输的费用。禁止商户收取过高的运费或规避费用；禁止单方或与买家串通在销售商品后调整商品价格来规避Wish的佣金；禁止填写不实的商品地址；禁止未经允许使用其他商户的账户。

5. 禁售品、问题产品、违规品和相关活动

您需对自己在Wish上提交、上传、展示的所有数据、文本、信息、用户名、图表、图片、照片、文档、音频、视频、产品、链接(统称为“内容”)以及您的行为负全部责任。任何时候如果Wish提出要求，则商户应及时提供能够证明自己已经遵守Wish的产品规定和相关法律法规的书面证据，因商户延迟提交相关证据导致的全部后果由商户自行承担。

禁止活动：您提交、上传、展示的内容以及您的行为不得包含或者涉及以下事项：

(1) 提供错误、不准确或误导人的信息。

(2) 包含淫秽色情、裸露及成人内容。

(3) 包含或传达任何破坏性代码，包括恶意干涉、不正当地拦截或征用任何系统、数据或个人信息。

(4) 展示与商品所在清单不相关的商品图片。

(5) 提供包含违反本协议(http://merchant.wish.com/release-notes)的直接或间接链接以及商品或服务描述、Wish 商户政策(http://merchant.wish.com/policy/home)、Wish 上公示的其他政策文件。

(6) 售卖被美国消费品安全委员会(CPSC)鉴定为对消费者有害并被召回的商品。

(7) 在 Wish 上(或用 Wish 开始的交易中)上传任何会造成 Wish 违反所适用的法律法规、条例、规范、规章或本协议的商品信息。

(8) 欺诈或售卖非法商品、仿品和偷盗物品。欺诈是指商户故意告知买家虚假情况，或者故意隐瞒真实情况，诱使买家购买的行为；非法商品是指商品资料、商品(包括包装)包含非法内容；仿品是指未经注册商标所有人的许可，在产品本体或包装上伪造、模仿与该注册商标相同或相似的商标，以及以次充好的产品；偷盗物品是指以非法占有、秘密窃取、盗窃的方法获得公私财物。

(9) 诽谤，恶意中伤，非法威胁，非法骚扰，假扮他人或模仿他人(包括但不限于 Wish 员工或其他商户)，错误描述或通过用相似电子邮箱地址、昵称、错误账号或使用其他方法和设备等造成混淆或误认的行为。

(10) 侵权(包括销售商品侵权)，该行为侵犯了第三方版权、专利、商标、商业机密、其他所有权、知识产权、出版权或隐私权(参见：Wish 的知识产权政策)。该禁止性行为包括但不限于：① 销售或展示名人肖像的商品，包括肖像、照片、姓名、签名及亲笔签名；② 未经授权销售或者展示包含第三方品牌或商标的商品；③ 销售私制盗版录像或录音。

(11) 修改、改编、侵入 Wish 或修改另一个网页以达到错误暗示其行为与 Wish 有关。

(12) 在 Wish 平台为 Wish 以外的其他平台或商家承揽业务，利用 Wish 平台直销商品或宣传 Wish 以外的网络平台、服务及实体店。

(13) 违反此协议(http://merchant.wish.com/release-notes)、Wish 商户政策(http://merchant.wish.com/policy/home)、Wish 网站声明及社会规范、任何适用的法律、法规、条例或规范(包括但不限于政府出口管制、消费者保护、不公平竞争、反歧视和虚假广告)。

另外，商户不得在 Wish 上(或用 Wish 客户端开始的交易中)陈列任何会造成 Wish 违反任何适用的法律法规、条例、规范或协议条款的产品，如因您的上述个人行为导致 Wish 遭受相应处罚及损失，Wish 有权暂时或永久停止您账户的使用权并冻结该账户下的全部货款，同时 Wish 将保留最终向您索赔损失的权利并可就您账户下冻结货款提前得以受偿。

Wish 可以单方面决定实行一项允许 Wish 在一段有限的时间内扣留应支付商户的付款或本协议下其他到期款项的政策。如果 Wish 有理由认为商户与本协议有关的任何行为或行动可能导致顾客的争议、各方的费用支出或其他主张，则 Wish 有权延迟向商户付款并扣留应支付商户的款项或本协议下其他到期款项，直至商户与本协议有关的行为或对行为进行的调查完成之日。如果 Wish 有理由认定商户的资料或产品(包括包装)存在本条中规定的限制内容或其他非法情形，则 Wish 有权单方面决定暂时或永久停止您账户的使用权并冻结该账户下的全部货款，同时 Wish 有权就因您个人的过失或故意的行为以您账户内的冻结资金按照规定的赔偿标准向包括 Wish 在内的买家或其他人做出赔偿，您应当遵从 Wish 的决定，如果您认为 Wish 的处理不当，则可按照标准流程申诉。Wish 会将申诉结果通知您，并享有最终解释权。Wish 因此支付的所有金额包括但不限于 Wish 支付的退款、赔偿费和其他金额。并且商户的赔偿并不限于其账户内的冻结金额及 Wish 依法或依本协议的其他规定享有的任何其他权利或救济。此外，如果商户进行了上述限制活动或违反了本条中的规定，则应当承担违约责任并每次支付 Wish 美元五百元整($500)作为违约赔偿金。

您同意在 Wish 暂停或停止账户的情况下，Wish 没有义务为您保留信息、更新信息或向您发送最新的信息。

对违反任何上述条款的行为，Wish 可以采取的救济方式并不限于此处的规定。如果 Wish 单方面认为您违反了上述条款，则 Wish 可以暂时或永久冻结您的账户(包括但不限于你账户中的资金及收到的货款)。

6. 内容

许可：Wish 对商户上传的内容无所有权。商户仅授予 Wish 使用其提供的信息和内容的权利。因此，Wish 不会侵犯您拥有的内容的任何权利。您授予 Wish 对内容的版权、宣传及数据库进行使用的权利(无其他权利)。该使用权为非独家的、全球性的、永久的、不可撤销的、免版税的、可再授权(通过多层)的行使权。您同意允许 Wish 存储或重新组合您上传在 Wish 上的内容，并以任何方式来进行展示。Wish 将不会更改您商标的形式(相关比例保持不变)。您的个人信息将受 Wish 隐私政策的保护。

作为交易的一部分，您可以获取 Wish 上某个用户的个人信息，包括发货信息。未经该用户许可，这些个人信息仅可用于与该交易有关或与 Wish 相关的交流。Wish 没有授权您去使用这些信息或将这些信息用于其他商业用途。除上述限制外，未经用户明确许可，您不能将任何一位 Wish 用户添加到您的电子邮件或实体的信件列表中去。若因您未经该用户许可而擅自使用其个人信息用作 Wish 授权外的其他用途，则您与用户所产生的纠纷，Wish 免于承担一切责任。欲了解更多信息，请参阅 Wish 的隐私政策。

转载内容：是指外部网站或第三方转载发布在 Wish 上的条款及内容。您同意，若遇任何与此相关的争议，则 Wish 免于承担任何责任。

7. 争议解决和豁免

如果您与 Wish 出现争议，则请联系 Wish。任何因此协议而产生或与此协议相关的争议应最终提请仲裁解决，该仲裁应使用英语。

本协议适用中华人民共和国法律，在不考虑法律冲突的情况下，可以经双方书面同意修改或放弃本条款。本协议规定了双方就此事项的全部内容。如果本协议中的任何条款出现无法履行之情形时，则该条款将被删除或限制至最低程度适用，本协议剩余条款的效力不因此受到任何影响。因本协议引起的或与本协议有关的任何争议，包括但不限于关于本协议的存在、有效性或者终止的任何问题，将提交至上海仲裁委员会依据该会的章程进行仲裁。仲裁结果具有终局性，对仲裁双方均具有约束力。胜诉方因执行本协议而产生的成本和费用由败诉方承担，包括但不限于律师费。未经另一方同意，任何一方不得转让本协议。然而，任何一方可以无须另一方同意即可将本协议转让给已经取得本协议项下所涉及的全部或实质性的股权、资产或业务的第三方。任何地区的司法管辖权不得干涉包括但不限于本协议项下仲裁约定的全部条款的效力。

如果您与一个或多个用户，又或者与某第三方产生争议，您将豁免 Wish(及其股东、董事、高级管理人员、代理人、全资子公司、合资公司和雇员)因任何形式和性质的、已知的和未知的、猜测的和未猜测的、披露的和未披露的，所产生的或与该纠纷有关的所有索赔、要求、诉讼、债务、权利、义务及损害(实际的和后续的)，无论其已知或未知、确定或可能、必然或偶然、自然或非自然产生(统称“索赔”)，承担责任。Wish 鼓励商户向当地执法部门、经过认证的调解或仲裁的实体(如果适用)报告“商户和用户”的纠纷。

Wish 为了商户的利益，会尝试帮助商户解决争议。Wish 将自行决定是否这样做。Wish 没有义务解决商家和用户之间或商家与外部各方之间的纠纷。Wish 仅基于友善的角度和 Wish 的政策来尝试去解决争端，并不对该解决行为承担责任。Wish 不对商户之间或商户与其他第三方之间的任何法律纠纷或索赔做出判断。

8. Wish 的知识产权

Wish 以及 Wish 的图像、图标、设计、页眉、按钮图标、脚本、服务名称皆为美国或其他地区ContextLogic公司所拥有的注册商标和商业外观。Wish的商标和商业外观，包括属于商标/域名/邮件地址的部分内容和与之相关的易造成混淆的任何形式的产品或服务均不被允许使用。

9. 访问和对接

Wish 上的许多信息是实时更新的并且是专有的或是由 Wish 的卖家或第三方授权给Wish的。除非Wish的API使用条款在一定程度上有明确准许或者有Wish事先的书面承诺，否则您不得以任何目的使用任何机器人、间谍软件、抓取器或其他自动化的手段非法接入Wish。此外，您同意您将不会做以下事情：

(1) 采取任何强加或可能强加给Wish的基础结构一个不合理的或不成比例的巨大的工作量的行为；

(2) 在没有Wish和适当的第三方事先书面许可的情况下，复制、再版、修改、创建衍生作品、分发或公开显示任何从网站得来的卖家的内容(除了您的内容)；

(3) 干扰或企图干扰网站的正常工作或活动。

10. 违约

如果违反了要求，Wish可以单方面决定，将在没有预先通知的，不会偿还任何费用的情况下，在一定时间后或者马上删除相关内容。Wish 将警告 Wish 社区要注意该商户的行为，向该商户发出警告，Wish可以单方面决定临时暂停该商户的使用权，暂时或永久暂停该商户的特权，终止该商户的账号，禁止其登入本网站，并且会使用技术和法律途径使该商户不得使用本网站并拒绝向该商户提供任何服务。但是 Wish 不会限制任何其他补救措施：调查或者以其他方式补救。商户违约是指商户违反了此协议、隐私政策、商户政策或者其他政策文件和文中的社区规则，包括以下几种情况和行为：Wish无法核实或验证商户的任何个人资料和内容；Wish认为该商户正在进行与Wish政策内容或精神不一致的行为；曾经从事过与 Wish 有关联的不当的或者欺诈的行为；会导致 Wish 的商户或者 Wish 承担法律责任或经济损失的行为。

11. 隐私

如果没有商户的明确同意，则Wish不会出售或披露您的个人信息(隐私政策中的定义)给第三方，在 Wish 的隐私政策中所提供的信息除外。Wish 将内容储存在受物理和技术保护的位于美国的计算机中。

12. 不保证

Wish 及 Wish 的子公司、股东、管理人员、董事、员工和供应商只以 Wish 网站的现状提供服务，且没有明示的、暗示的或法定方式的保证或条件。Wish 及 Wish 的子公司、管理人员、总监、员工和供应商不承认任何标题、产品的适销性、产品的特定目的性及商户的不侵权，包含默示担保。另外，从商户处获得的任何来自 Wish 的建议或信息(无论是口头的还是书面的)均不会形成任何的保证。有些州不允许对默示担保的责任免除，因此前面的免责条款可能不适用于商户。此免责条约赋予商户特殊的法律权利，而根据不同州的具体情况，商户也可能享有其他法律权利。

13. 责任限制

任何情况下，Wish 及 Wish 的子公司(如果适用)、管理人员、董事、雇员并不需对商户或任何人士由于直接或间接进入或使用本网站经营，包括由于 Wish 的服务或此条款而招致的直接、间接、附带的、特别的、衍生的或赔偿性的损失(包括但不限于利润损失、人身伤害、精神受创、特别的或衍生的或间接的损失)负任何责任。

Wish 的责任及 Wish 的子公司(如果适用)、管理人员、董事、雇员和供应商的责任对您或对任何第三方在任何情况下都仅限于：① 在引起责任行为发生之前的 12 个月中，商户支付给 Wish 的总的费用；② 100 美元。某些州不允许排除或限制附带或相应的损害，因此上述限制或免责可能不适用于商户。

14. 赔偿

商户同意赔偿并同意 Wish 以及 Wish 的母公司(如适用)、子公司、分支机构、高级管理人员、董事、代理人和员工免受任何索赔或要求，包括但不限于合理的律师费及由于商户违反本协议、本协议中涉及的文件、任何法律或侵犯第三方的权利所造成的损失。

15. 不担保

Wish 不担保可用、及时、安全、无错误、连续不间断的网站访问。网站的操作可能会遭受众多 Wish 可控制外因素的影响。Wish 不对任何服务中断承担责任，包括但不限于系统崩溃或其他可能影响任何交易的接收、处理、验收、完成或结算的中断。

16. 遵守法律及税法

若商户使用 Wish 平台和服务，则商户应遵守所有适用的国内和国际法律、法规、条例和条令。商户的物品、提供购买的邀约、商品的销售若适用，则同样应遵守所有国内和国际法律、法规、条例和条令。另外，除 Wish 净收入税款外，商户有责任支付在本网站进行商品销售的所有税款。

17. 营业税、关税和增值税

为尽力遵守个别消费者立法，Wish 强烈建议商户在关税、增值税或适用的增值税率方面保持良好的缴纳信用记录。

由于(各地)单独适用的税收管辖权，采购可能会受制于特定的营业税、关税或增值税，配送时间和相关成本可能会因此增加。

在 Wish 平台进行常规销售的商户需预备增值税。虽然 Wish 并不要求商户必须拥有税号方可在 Wish 平台进行销售，但商户可能因适用的税收管辖权而被要求对开展此类业务的行为进行赋税。因此，Wish 强烈建议商户咨询他们自己的税务专家，注册税号并相应预备增值税。

您同意在协议各方之间您应负责全部的税项的收取和支付。

18. 可分割性

若本协议项下的任何规定被认定为无法执行的，则该相应条款将被修改，以体现各方意图。本协议的所有剩余条款仍完全有效。

19. 无代理关系

商户和 Wish 都是独立的合同方。本协议并无意建立亦并未建立任何代理、合伙、合营、雇用与被雇用或特许经营关系。商户无权代表 Wish 发出或接受任何要约或承诺。商户不能在商户的网站或任何其他场所做出任何与本条规定相冲突的声明。本协议在商户与 Wish 之间不产生排他性合作关系。

20. Wish 服务

在没有通知的情况下，Wish 保留随时且基于任何原因对 Wish 服务进行修改或者终止的权利。Wish 平台保留随时更改协议条款、条件或者其他政策的权利，因此请经常阅读政策。如果 Wish 平台有实质性变化，则 Wish 平台会通过邮件、主页或者其他 Wish 平台认为合适的方式进行通知。“实质性变化”的标准由 Wish 基于其良好的社会信誉、常识以及合理的判断来进行裁断。

21. 法律选择

本协议的成立、生效、解释、履行等均适用中华人民共和国法律，受中华人民共和国法律管辖。

22. 存续条款

条款 3(费用和账款)、条款 6(内容)、条款 7(争议解决和豁免)、条款 8(Wish 的知识产权)、条款 9(访问和对接)、条款 10(违约)、条款 11(隐私)、条款 12(不保证)、条款 13(责任限制)、条款 14(赔偿)、条款 15(不担保)、条款 17(营业税、关税和增值税)、条款 18(可分割性)、条款 20(Wish 服务)、条款 21(法律选择)将在合同终止或期满后继续有效。

23. 通知

除非另有明确规定，否则任何通知应以邮寄方式送达 Wish：Sansome 街 1 号，40 层旧金山，加利福尼亚州 94104。送达商户：Wish 应寄到商户提供给 Wish 的邮箱地址(注册过程中的邮箱或是商户变更后的邮箱，如因商户变更邮箱而未及时通知 Wish 的原因导致 Wish 无法送达商户的后果，由商户自行承担相应责任)。邮件寄出 24 小时后，通知应被视为已送达，除非发送方被通知邮箱地址无效。另外，Wish 如果通过挂号信的方式给商户提供给 Wish 的地址发通知(如因商户变更地址而未及时通知 Wish 的原因导致 Wish 无法送达商户的后果，由商户自行承担相应责任)，则邮资预付并要求回执，通知在邮寄之日起三天后应被视为已送达。

24. 公开信息

本协议下的服务由 ContextLogic 公司提供，地址是 Sansome 街 1 号，40 层，旧金山，加州 94104。

三、《政策概述(2014 年 12 月 8 日)》

Wish 是最快的产品销售平台。如果商户遵守义务，就不会受到平台实施的罚款或违规政策的影响。

第一条：商户应始终向 Wish 提供真实准确的信息。

商户录入到 Wish 平台的信息应真实准确。列出的产品应真实准确，这包括但不限于图像、库存和价格。产品图片应该准确描述正在出售的产品。产品描述不应包括与产品图片不符的内容。

第二条：商户应确保尽快向用户交付订单。

用户总是期望尽快收到订购的产品/服务。商户应当确保尽快向客户交付订单。完成方式：迅速履行订单；使用可靠、有效的配送方法。

1. 注册

(1) 注册期间提供的信息必须真实准确。

如果注册期间提供的账户信息不准确，则账户可能会被暂停。

(2) 每个实体只能有一个账户。

如果公司或个人有多个账户，则多个账户都有可能被暂停。

2. 产品清单

(1) 产品上传期间提供的信息必须准确。

如果所列产品提供的信息不准确，则该产品可能会被移除，且相应的账户可能面临罚款或被暂停。

(2) Wish 严禁销售伪造产品。

严禁在 Wish 上列出伪造产品。如果商户推出伪造产品进行出售，则这些产品将被清除，并且其账户将面临罚款，可能还会被暂停。

(3) 产品不能侵犯其他方的知识产权。

产品的图片和文本信息不得侵犯他人的知识产权。这包括但不限于：版权、商标和专利。如果商户上传侵犯他人知识产权的产品，则产品将被删除，其账户可能将被暂停或终止。

如果商户多次侵犯他人的知识产权，则该账户将面临被暂停或终止的风险。

(4) 产品不得引导用户离开 Wish。

如果商户列出的产品鼓励用户离开 Wish 或联系 Wish 平台以外的店铺，则产品将被移除，其账户将被暂停。

(5) 严禁列出重复的产品。

严禁列出多个相同的产品。相同尺寸的产品必须列为一款产品。不得上传重复的产品。如果商户上传重复的产品，则产品将被移除，且其账户将被暂停。

(6) 禁止将原来的产品修改成一个新的产品。

如果商户将原始产品修改成一个新的产品，那么这个产品将被移除，同时账号也将面临处罚或暂停交易的风险。

(7) 产品列表中不得包含禁售品。

不得在 Wish 刊登禁售品。如果商户刊登了禁售品，则该产品将会被移除，商户将面临暂停交易的风险。

3. 产品促销

Wish 可能随时促销某款产品。如果产品的定价、库存或详情不准确，则商户将有可能违反以下政策。

(1) 不得对促销产品提高价格和运费。

严禁对促销的产品提高价格或运费。

(2) 不得降低促销产品的库存。

严禁降低促销产品的库存。

(3) 店铺若禁售促销产品，则将面临罚款。

如果店铺禁售过去 9 天交易总额超过 500 美元的促销产品，则店铺将被罚款 50 美元。

4. 知识产权

Wish 对伪造品和侵犯知识产权的行为制定了严格的零容忍政策。

如果 Wish 单方面认定您在销售伪造产品，您同意不限制 Wish 在本协议中的权利或法律权利，则 Wish 可以单方面暂停或终止您的销售权限或扣留或罚没本应支付给您的款项。

(1) 严禁出售伪造产品。

严禁销售模仿或影射其他方知识产权的产品。如果商户推出伪造产品进行出售，则这些产品将被清除，并且其账户将面临罚款，可能还会被暂停。

(2) 严禁销售侵犯另一个实体的知识产权的产品。

产品图像和文本不得侵犯其他方的知识产权。这包括但不限于版权、商标和专利。如果商户列出侵犯其他方知识产权的产品，则这些商品将被清除，并且其账户将面临罚款，可能还会被暂停。

(3) 商户有责任提供产品的销售授权证据。

如果产品是伪造的或侵犯了知识产权，则商户有责任提供销售产品的授权证据。

(4) 严禁提供不准确或误导性的销售授权证据。

如果商户对销售的产品提供错误或误导性的授权证据，则其账户将被暂停。

(5) 对伪造品或侵犯知识产权的产品处以罚款。

审核所有产品是否属于伪造品，是否侵犯了知识产权。如果发现某款产品违反了 Wish 的政策，则会将其删除并扣留所有付款。商家的每个仿品可能会被罚款 1 美元。

(6) 对已审批产品处以伪造品罚款。

在商户更改产品名称、产品描述或产品图片后，经过审批的产品也要再次审核，看其是否为伪造品或是否侵犯了知识产权。在产品复审期间，产品正常销售。如果在编辑后发现某款产品违反了 Wish 的政策，则商户可能会被处以 100 美元的罚款。此产品将被删除，且所有付款将被扣留。

5. 履行订单

最近更新日期：2017 年 4 月 17 日。

准确迅速地履行订单是商户的首要任务，这样才能收到销售款项。

(1) 所有订单必须在 5 天内履行完成。

如果一个订单在 5 天内未履行完成，则它将被退款并且相关的产品将被下架。

(2) 如果商户因政策 1)退款的订单数量非常高，则其账户将被暂停。

自动退款率是指由于政策 1)而自动退款的订单数量与收到订单总数之比。如果此比率非常高，则其账户将被暂停。

(3) 如果商户的履行率非常低，则其帐户将被暂停。

履行率是履行订单数量与收到订单数量之比。如果此比率太低，则其账户将被暂停。

(4) 符合确认妥投政策的订单使用平台认可的，且能提供最后一公里物流跟踪信息的物流服务商进行配送。

确认妥投政策对配送至如表 S1-1 所示的国家、订单总价(价格+运费)大于或等于对应国阈值的订单生效。

要求：

① 订单必须在 7 天内履行且带有有效的跟踪信息。

② 订单必须使用平台认可的，且能提供最后一公里物流跟踪信息的物流服务商进行配送。

③ 订单须在可履行的 30 天内由确认妥投政策认可的物流服务商确认妥投。

表 S1-1　不同国家对应的价格 + 运费的阈值

国　家	价格 + 运费的阈值
美国、法国、德国、英国、西班牙、丹麦、瑞典、哥斯达黎加、南非	大于等于 10 美元
意大利、巴西、沙特阿拉伯	大于等于 7 美元
阿根廷	大于等于 5 美元
厄瓜多尔、墨西哥、智利、哥伦比亚、俄罗斯	大于等于 3 美元
加拿大	大于等于 0 美元

没有达到要求的商户将面临暂停交易的风险。

6. 用户服务

(1) 如果店铺退款率过高，则该账号将被暂停交易。

退款率是指在一段时间内，退款订单数除以总订单数的比例。 如果这个比率极高，那么店铺将被暂停。 退款率低于 5%是正常的。

(2) 如果店铺的退单率非常高，则其账户将被暂停。

退单率是指某个时段内退单的订单数量与收到订单总数之比。如果此比率特别高，则店铺将被暂停交易。低于 0.5% 的退单率是正常的。

(3) 严禁滥用用户信息。

严禁对 Wish 用户施予辱骂性行为和语言，Wish 对此行为采取零容忍态度。

(4) 严禁要求用户绕过 Wish 付款。

如果商户要求用户在 Wish 以外的平台付款，则其账户将被暂停。

(5) 禁止引导用户离开 Wish。

如果商户指引用户离开 Wish，则其账户将会被暂停。

(6) 严禁要求用户提供个人信息。

如果商户要求用户提供付款信息、电子邮箱等个人信息，则其账户将被暂停。

(7) 客户问题将由 Wish 来处理。

Wish 是首先处理客户问题的联系方。

7. 退款政策

最近更新：2017 年 4 月 17 日。

(1) 退款发生在确认履行前的订单不符合付款条件。

如果订单在确认发货前被退款，则此订单不符合付款条件。退款产生前已确认发货的订单方符合付款政策。

允许商户对这些退款进行申诉。

(2) 商户退款的所有订单都不符合付款条件。

如果商户向某个订单退款，则商户将不能获得该笔订单的款项。

不允许商户对这些退款进行申诉。

(3) 对于缺乏有效或准确跟踪信息的订单，商户承担全部退款责任。

如果订单的跟踪信息无效、不准确或缺少此类信息，则商户必须承担该订单的全部退款成本。

允许商户对这些退款进行申诉。

(4) 对于经确认属于延迟履行的订单，由商户承担全部退款。

如果确认履行日为购买后 5 天以上，则商户应对该订单退款负 100%责任。

允许商户对这些退款进行申诉。

(5) 对于配送时间过度延迟的订单，商户负责承担 100%的退款责任。

若在下单的 X 天后订单仍未确认妥投，则因此产生的退款，商户承担 100%的退款费用。通过表 S1-2 查看各目的地国家/地区对应的 X。

允许商户对这些退款进行申诉。

表 S1-2　各目的地国家/地区对应的 X 天

Country (国家)	Country Code (国家代号)	X Days (X 天)	Country (国家)	Country Code (国家代号)	X Days (X 天)
United States	US	15 Days	Estonia	EE	19 Days
France	FR	16 Days	Egypt	EG	43 Days
Canada	CA	18 Days	Hong Kong	HK	5 Days
Spain	ES	21 Days	Indonesia	ID	26 Days
Switzerland	CH	17 Days	Jamaica	JM	34 Days
Italy	IT	21 Days	Liechtenstein	LI	20 Days
Japan	JP	13 Days	Lithuania	LT	26 Days
Denmark	DK	16 Days	Luxembourg	LU	21 Days
Belgium	BE	16 Days	Latvia	LV	25 Days
Great Britain	GB	12 Days	Morocco	MA	45 Days
Sweden	SE	20 Days	Monaco	MC	20 Days
Norway	NO	18 Days	Moldova	MD	26 Days
Ireland	IE	23 Days	Pakistan	PK	22 Days
Brazil	BR	29 Days	Romania	RO	31 Days
Poland	PL	18 Days	Serbia	RS	23 Days
Finland	FI	17 Days	Slovenia	SI	27 Days
Singapore	SG	16 Days	Thailand	TH	13 Days
Portugal	PT	19 Days	Taiwan	TW	9 Days
Australia	AU	14 Days	Turkey	TR	18 Days

续表

Country (国家)	Country Code (国家代号)	X Days (X 天)	Country (国家)	Country Code (国家代号)	X Days (X 天)
Czech Republic	CZ	17 Days	Ukraine	UA	22 Days
Germany	DE	16 Days	Venezuela	VE	35 Days
Malaysia	MY	20 Days	Virgin Islands, U.S.	VI	23 Days
Croatia	HR	15 Days	Vietnam	VN	20 Days
Puerto Rico	PR	13 Days	Estonia	EE	19 Days
Mexico	MX	22 Days	Egypt	EG	43 Days
Greece	GR	23 Days	Hong Kong	HK	5 Days
Netherlands	NL	15 Days	Indonesia	ID	26 Days
Turkey	TR	22 Days	Jamaica	JM	34 Days
New Zealand	NZ	14 Days	Liechtenstein	LI	20 Days
South Korea	KR	12 Days	Lithuania	LT	26 Days
Russia	RU	23 Days	Luxembourg	LU	21 Days
Israel	IL	23 Days	Latvia	LV	25 Days
Austria	AT	15 Days	Morocco	MA	45 Days
Argentina	AR	33 Days	Monaco	MC	20 Days
United Arab Emirates	AE	24 Days	Moldova	MD	26 Days
Slovakia	SK	17 Days	Pakistan	PK	22 Days
Hungary	HU	17 Days	Romania	RO	31 Days
Chile	CL	20 Days	Serbia	RS	23 Days
India	IN	26 Days	Slovenia	SI	27 Days
Costa Rica	CR	33 Days	Thailand	TH	13 Days
Saudi Arabia	SA	33 Days	Taiwan	TW	9 Days
Colombia	CO	31 Days	Turkey	TR	18 Days
Kuwait	KW	30 Days	Ukraine	UA	22 Days
South Africa	ZA	37 Days	Venezuela	VE	35 Days
Peru	PE	31 Days	Virgin Islands, U.S.	VI	23 Days
Ecuador	EC	33 Days	Vietnam	VN	20 Days
Albania	AL	23 Days	Belarus	BY	33 Days
Barbados	BB	44 Days	Dominican Republic	DO	44 Days
Bulgaria	BG	26 Days			

(6) 商户负责由于尺寸问题而产生的全部退款成本。

如果用户由于尺寸问题而要求退款，则由商户承担全部退款成本。

允许商户对这些退款进行申诉。

(7) 对于商户参与诈骗活动的订单，由商户承担全部退款成本。

如果商户实施诈骗活动或规避收入份额，则商户承担诈骗订单的全部退款成本。

允许商户对这些退款进行申诉。

(8) 商户负责由于商品送达时损坏而产生的全部退款成本。

如果由于商品送达时损坏而产生退款，则商户承担全部退款成本。

允许商户对这些退款进行申诉。

(9) 商户负责由于商品与商品介绍不符而产生的全部退款成本。

如果由于商品与商品介绍不符而产生退款，则商户承担全部退款成本。

提示：产品图片应该准确描述正在出售的产品。产品图片和产品描述的不一致会导致以商品与清单不符为由的退款。

允许商户对这些退款进行申诉。

(10) 如果账户被暂停，则由店铺承担全部退款。

如果在商户账户暂停期间发生退款，则由商户承担全部退款成本。

不允许商户对这些退款进行申诉。

(11) 对于退款率极高的产品，其在任何情况下产生的退款都将由商户承担全部退款责任。

商户的每个极高退货率的产品都将会收到一条违规警告。今后，在该产品的所有订单中，产生的任何退款将由商户承担全部责任。此外，退款会从上次付款中扣除。 退款率是指某个时段内退款订单数与总订单总数之比。低于 5% 的退款率是可接受的。

根据具体的退款率，该产品可能会被 Wish 移除。 未被 Wish 移除的高退款率产品将会被定期重新评估。 若该产品保持低退款率，那么商户将不再因此政策而承担该产品的全部退款责任。

不允许商户对这些退款进行申诉。

(12) 对于被判定为仿品的产品，商户将承担 100%的退款。

Wish 平台禁止销售仿冒品。侵犯知识产权的产品将被直接移除，商户也将 100%承担相关退款。

允许商户通过仿品违规对这些退款进行申诉。

(13) 商户将因配送至错误地址而承担 100%退款责任。

如果因商品配送至错误地址而产生退款，那么该商户将承担 100%的退款责任。

允许商户对这些退款进行申诉。

(14) 商户将为任何不完整订单承担 100%退款责任。

如果因订单配送不完整而产生退款，那么商户将承担 100%的退款责任。不完整订单是指商户没有配送正确数量的产品或者没有配送该产品的所有部件。

允许商户对这些退款进行申诉。

(15) 对于被退回发货人的包裹，商户将承担所产生的全部退款。

如果妥投失败并且物流商将物品退还至发送方，则商户将承担退款的 100%责任。

允许商户对这些退款进行申诉。

(16) 商户需要对低评价产品承担全部退款。

对于每个平均评价极低的产品，商户会收到相应的违规通知。商户需对该产品在未来的和追溯到最后一次付款的所有订单的退款费用负 100%责任。根据平均评分，该产品可能会被 Wish 移除。未被移除的平均低评价产品将会被定期重新评估。如果产品的评分不再偏低，则根据政策，商户将不再承担 100%的退款责任。

不允许商户对这些退款进行申诉。

(17) 任何客户未收到产品的订单，商户承担 100%的退款费用。

若包裹跟踪记录显示妥投，但客户未收件，则商户承担 100%的退款费用。

允许商户对这些退款进行申诉。

(18) 若商户通过非 Wish 认可的合作配送商配送订单，则其将承担 100%的退款责任。

如果一件商品以不可接受的承运商来配送，那么商家将会承担 100%的退款责任。

不允许商户对这些退款进行申诉。

(19) 如果店铺退款率过高，那么商户将无法获得退款订单的款项。

如果店铺退款率过高，则商户将对未来所有的退款订单承担 100%责任。当店铺退款率得到改善且不再属于高退款率后，商户将按退款政策承担正常的退款责任。

不允许商户对这些退款进行申诉。

8. 账户暂停

暂停后账户将发生以下情况：

(1) 账户访问受限。

(2) 店铺的产品不允许再上架销售。

(3) 店铺的付款保留三个月。

(4) 因严重违反 Wish 政策，店铺的销售额将被永久扣留。

(5) 店铺承担任一项退款的100%的责任。

账户被暂停的原因包括但不限于以下内容：

(1) 询问客户个人信息。

如果商户向顾客索取他们的个人信息(包括电邮地址)，则商户账号将有被暂停的风险。

(2) 要求顾客汇款。

如果商户要求用户直接打款，则其账户将会存在被暂停的风险。

(3) 提供不适当的用户服务。

如果商户提供了不适当的用户服务，则其账户将会存在被暂停的风险。

(4) 欺骗用户。

如果商户正在欺骗用户，则其账户将会存在被暂停的风险。

(5) 要求用户访问 Wish 以外的店铺。

如果商户要求用户访问 Wish 以外的店铺，则商户账户将处于被暂停的风险。

(6) 销售假冒或侵权产品。

如果商户的店铺正在销售假冒或侵权产品，则商户账号将有被暂停的风险。

(7) 违反 Wish 商户政策。

如果商户利用 Wish 政策谋取自己的利润，则该商户账户将处于被暂停的风险。

(8) 关联账号被暂停。

如果商户的店铺与另一被暂停账号关联，则商户账号将有被暂停的风险。

(9) 高退款率。

如果商户退款率过高，那么该账户有暂停交易的风险。

(10) 高自动退款率。

如果商户的自动退款率过高，则有暂停交易的风险。

(11) 高拒付率。

如果商户的店铺拥有无法接受的高拒付率，则商户账户将处于被暂停的风险。

(12) 重复注册账号。

如果商户已在 Wish 注册多个账户，则商户账户将处于被暂停的风险。

(13) 使用无法证实的跟踪单号。

如果商户的店铺拥有大量不带有效跟踪信息的单号，则商户账户将处于被暂停的风险。

(14) 店铺正在发空包给用户。

如果商户给用户发送空包，则其账户将会存在被暂停的风险。

(15) 使用虚假跟踪单号。

如果商户使用虚假物流单号，则商户账户将处于被暂停的风险。

(16) 发送包裹至错误地址。

如果商户店铺存在过多配送至错误地址的订单，则其将有被暂停交易的风险。

(17) 高延迟发货率。

如果商户的延迟发货订单比率过高，则该商户存在账户暂停的风险。

9. 付款政策

对于在 2017 年 10 月 11 日前标记发货的订单：

订单一旦被物流服务商确认妥投，或在用户确认收货 5 天后将立即成为可支付状态。若订单未确认妥投，那么订单将于 90 天后成为可支付状态。

对于在 2017 年 10 月 11 日之后标记发货的订单：

订单一旦被物流服务商确认妥投，或在用户确认收货 5 天后将立即成为可支付状态。

订单也可根据配送订单所使用的物流服务商获得快速放款资格。

一级：一旦物流服务商确认 Wish Express 订单妥投或者订单在物流服务商确认发货 45 天后便成为可支付状态。

二级：使用二级物流服务商配送的订单将于确认发货后 45 天后成为可支付状态。

三级：使用三级物流服务商配送的订单将于确认发货后 75 天后成为可支付状态。

四级：使用四级物流服务商配送的订单将于确认发货后 90 天后成为可支付状态。

如果订单配送使用的物流服务商不在物流选择向导中，并且没有确认妥投，那么订单将于物流服务商确认发货的 90 天后成为可支付状态。

如果订单没有被物流服务商确认发货，那么订单将于商户标记发货后 120 天后成为可支付状态。

订单确认发货：包裹收到第一个追踪信息。

订单确认妥投：物流服务商或者用户确认妥投。

以下是相关政策的英文参照版，有兴趣的读者可以查阅。

附录 1.1　订单追踪无效政策

Why should I provide tracking information for my orders?

Providing valid tracking information for your orders makes customers happy, increases their trust, and provides proof of your fulfillment. This means that Wish can confirm your shipment much sooner and you can get paid much sooner.

If you choose not to provide tracking information for your orders, this may affect the way you get paid for your orders. If the orders were refunded, the orders will not be eligible for payment as we were not able to confirm the shipment for these orders.

The merchant should provide a valid tracking number when they mark the order as shipped onWish Merchant Dashboard to ensure their orders are eligible for payment.

Here are some examples of what may happen when the merchant does not provide a valid tracking ID or does not provide tracking information at all:

1. First Case: Missing Tracking Info

- Order occurs on Feb 1 and estimated delivery time is 14−20 days
- Merchant marks it as shipped on Feb 5 without tracking information
- On Feb 22, user complains they didn't receive it and Wish refunds. The order is not eligible for payment.

2. Second Case: Invalid Tracking Info

- Order occurs on Mar 2 and estimated delivery time is 12−15 days
- Merchant marks it as shipped on Mar 3 with an invalid tracking number (meaning our system cannot track it)
- On Mar 20, user complains they didn’t receive it and Wish refunds. The order is not eligible for payment.

Adding a valid tracking number after a refund has been processed will not change the order’s payment eligibility. An ineligible order will not become eligible for payment if the refund had been issued.

附录 1.2　延迟履行订单政策

What is the late confirmed fulfillment rate policy?

Merchants with very high late confirmed fulfillment rates are at risk of being banned. The majority of merchants on Wish have very low late confirmed fulfillment rates; this policy is designed to target the small number of merchants that have high late confirmed fulfillment rates.

"Late Confirmed Fulfillment Rate" is calculated as the number of orders confirmed fulfilled late divided by the number of orders with valid tracking for that week. An order is considered to be confirmed fulfilled late if the time period from when the order was placed to when the first carrier scan was recorded is longer than five days.

To view your late confirmed fulfillment rate, please visit this page:

https://merchant.wish.com/shipping-dest-performance#tab=weekly

To help improve your late confirmed fulfillment rate, please follow these steps:

1. Ship your orders as soon as possible. Giving customers updates on their orders' tracking information is crucial to customer satisfaction.

2. Use a shipping carrier that provides valid tracking numbers and has a fast confirmation time. You can view the performance of various shipping providers here:https://merchant.wish.com/shipping-dest-performance#tab=global

3. If you need help understanding your performance or choosing a shipping carrier, please reach out to your BD representative.

Examples of how the policy works:

1. For a one week period, the merchant has 10 orders with valid tracking and all 10 of the orders are confirmed shipped within five days. The merchant will not be penalized.

2. For a one week period, the merchant has 10 orders with valid tracking and none of the orders are confirmed shipped within five days. The merchant is at risk of suspension from Wish.

3. For a one week period, the merchant has 10 orders with valid tracking and only two of the orders are confirmed shipped within five days. The merchant is at risk of suspension from Wish.

附录 1.3　两层级的高退款率产品政策

Product Two-Tier High Refund Ratio Policy

An important measure of customer satisfaction is a product's refund ratio. Products with an extremely high refund ratio is an indicator of poor product quality and a bad consumer experience. Refund ratio is defined as the number of refunds over the number of orders during a period of time.

Learn how to track my product's refund performance.

Product Refund Ratio Evaluation

Each product is evaluated weekly for two 30 day periods: 0–30 days and 63–93 days ago from the time of evaluation.

Product Two-Tier Policy

Products with an extremely high refund ratio are removed from the store and the merchant is responsible for all cost of refunds. Products with high refund ratios remain for sale and the merchant is responsible for 100% of the cost of all refunds for these products. Merchants may disable the products at their own discretion. It is important to note that products with a small amount of orders are not affected by this policy.

Re-evaluation of High Refund Products

Periodically, High Refund Products are re-evaluated. If the product's high refund ratio has improved, then the merchant will no longer be responsible for 100% of the cost of all refunds. However, the merchant is still responsible for refunds under Wish's Refund Policy. Extremely High Refund Products will not be re-evaluated and they are removed from Wish permanently. Products must have enough orders to be re-evaluated.

Examples

1. Product A has 2 orders and 40% refund ratio during the 63–93 day period. Product A is not an Extremely High Refund Product or a High Refund Product because Product A has very few orders and thus is not affected by this policy.

2. Product B has 60 orders and 40% refund ratio during the 63–93 day period. Product B is an Extremely High Refund Product and is removed from Wish.

3. Product C has 60 orders and 23% refund ratio during the 63–93 day period. Product C is a High Refund Product. Later, product C is re-evaluated and found to have 15 orders and 15% refund ratio. Product C remains a High Refund Product and merchant is responsible for all refunds.

4. Product D has 70 orders and 24% refund ratio during the 63–93 day period. Product D is a High Refund Product. Later, product D is re-evaluated and found to have 60 orders and 12% refund ratio. Product D is no longer a High Refund Product and merchant is only responsible for refunds in Wish's Refund Policy.

5. Product E has 70 orders and 24% refund ratio during the 63–93 day period. Product E is a High Refund Product. Later, product E is re-evaluated and found to have 60 orders and 35% refund ratio. Product E is now an Extremely High Refund Product and it is removed from Wish permanently.

附录 1.4　物品退还给发货人

Why was my item returned to sender?

Returned to sender is a common policy used by post carriers to handle items that could not be delivered. If an item could not be delivered for any reason, the item would be sent back to the indicated return address.

The following are common reasons for items returned to sender:

- The address does not exist or is incorrect
- The item contains insufficient postage
- The addressee has moved without providing a forwarding address
- The item is refused by the addressee

附录 1.5　两层级的低评价政策

Product Two-Tier Low Rating Policy

Products with low ratings create a poor experience for Wish customers. A product with an average rating above 3 is considered acceptable, a product with an average rating above 4 is good, and the best products have an average rating close to 5.

Low-Rated Products Policy:

If a product has an unacceptably low rating average, then the merchant will be responsible for 100% of the cost of all refunds on that product until the product is re-evaluated. If the product is re-evaluated and the rating has improved, the policy will no longer be in effect.

If a product has an extremely low average rating, it will be removed from Wish automatically and the merchant will be responsible for 100% of the cost of all refunds. The product will not be re-evaluated.

Products are evaluated on a weekly basis. Each week, stores will receive a summary of all their products affected by this policy. If a product has a low rating, the merchant should improve the product listing, or remove it.

Example 1:

1. From May 1 to May 7, product A has 20 ratings with an average rating of 1.9.
2. From May 7 to May 14, product A has 12 refunds, and the merchant is responsible for the cost of all 12 refunds.

Example 2:

1. From May 1 to May 7, product B has 25 ratings with an average rating of 4.5.
2. From May 7 to May 14, product B has 10 refunds, and the cost of refunds on product B will be determined under normal Wish policies.

Example 3:

1. From June 1 to June 7, product C has 20 ratings with an average rating of 1.65.
2. From June 7 to June 14, product C has 12 refunds, and the merchant is responsible for the cost of all 12 refunds.
3. From June 7 to June 14, product C has 15 ratings with an average rating of 2.21.
4. From June 14 to June 21, product C has 20 refunds, and the merchant is responsible for the cost of all 20 refunds.
5. From June 14 to June 21, product C has 10 ratings with an average rating of 3.12.
6. From June 21 to June 28, the cost of the refunds on product C will be determined under normal Wish policies.

Example 4:

1. From June 1 to June 7, product D has 10 ratings with an average rating of 1.65.

2. From June 7 to June 14, product D has 12 refunds, and the merchant is responsible for the cost of all 12 refunds.

3. From June 7 to June 14, product D has 25 ratings with an average rating of 1.5.

4. From June 14 to June 21, product D has 20 refunds, and the merchant is responsible for the cost of all 20 refunds.

5. From June 14 to June 21, product D has 10 ratings with an average rating of 1.25.

6. Product D is now removed from Wish automatically .

Example 5:

1. From June 1 to June 7, product E has 10 ratings with an average rating of 4.5.

2. From June 7 to June 14, the cost of the refunds on product E will be determined under normal Wish policies.

3. From June 7 to June 14, product E has 25 ratings with an average rating of 3.0.

4. From June 14 to June 21, the cost of the refunds on product E will be determined under normal Wish policies.

5. From June 14 to June 21, product E has 10 ratings with an average rating of 1.75.

6. From June 21 to June 28, product E has 20 refunds, and the merchant is responsible for the cost of all 20 refunds.

附录 1.6　商户两级退款率政策

Merchant Two Tier High Refund rate Policy

A store's Refund rate is an important indicator of the quality of goods and services that merchants provide customers. Refund rate is defined as the percentage of total transactions that were refunded during a period of time. Merchants that have a low Refund rate sell quality products and provide fast shipping.

Two Tier Policy

Under the Merchant Two Tier High Refund rate policy, merchants with a high Refund rate are responsible for the entire cost of the refunds.

Merchants are evaluated weekly and if the merchant's refund rates are shown to have improved, they will then be responsible for the refunds as per the regular Wish refund policies.

However, merchants with extremely high refund rates are at a risk of suspension.

Wish uses two metrics to evaluate a merchant's Refund rate for Two Tier High Refund rate policy:

1. Refund Ratio 30 Day
2. Refund Ratio 93 Day

An acceptable Refund rate is 5% or lower. Merchants should monitor the store's Refund rate and take steps to maintain an acceptable percentage.

To view your store's Refund rate, visit Customer Service Performance page.

Learn how to improve the store's Refund rate.

Please note: Merchants must be in good standing for BOTH Refund Ratio 30 Day and Refund Ratio 93 Day.

Examples

Example 1: Merchant A in good standing for the time period May 15, 2017–May 21, 2017

1. Refund Ratio 30 Day = 3% (within acceptable limit).
2. Refund Ratio 93 Day = 2% (within acceptable limit).
3. For the time period 05/15–05/21, Merchant A has a Refund rate within acceptable terms.
4. Merchant A is not at a risk of suspension.
5. Merchant A is responsible for the cost of refunds as per regular standards.

Example 2: Merchant B not in good standing for the time period May 22, 2017–May 28, 2017

1. Refund Ratio 30 Day = 1% (within acceptable limit)
2. Refund Ratio 93 Day = 7% (higher than acceptable limit)
3. For the time period 05/22–05/28, Merchant B has a high Refund rate.
4. Merchant B is not at a risk of suspension.
5. Merchant B will be responsible for the cost of refunds for all orders.

Example 3: Merchant B is re- evaluated for time period May 29, 2017–June 4, 2017

1. Refund Ratio 30 Day = 1% (within acceptable limit)

2. Refund Ratio 93 Day = 4% (within acceptable limit)

3. For the time period, 05/29-06/04, Merchant B was able to improve the Refund rate within acceptable terms.

4. Merchant B is not at a risk of suspension.

5. Merchant B is now responsible for the cost of refunds as per regular standards.

Example 4: Merchant C not in good standing for the time period June 12, 2017-June 18, 2017

1. Refund Ratio 30 Day = 15% (unacceptable)

2. Refund Ratio 93 Day = 30% (unacceptable)

3. For the time period, 06/12 - 06/18, Merchant C has an extremely high Refund rate.

4. Merchant C is at a risk of suspension.

Example 5: Merchant D not in good standing for the time period June 12, 2017-June 18, 2017 and June 19, 2017-June 25, 2017

1. Refund Ratio 30 Day = 6% (higher than acceptable limit).

2. Refund Ratio 93 Day = 7% (higher than acceptable limit).

3. For the time period, 06/12-06/18, Merchant D has a high Refund rate.

4. Merchant D is not at a risk of suspension.

5. Merchant D is responsible for the cost of refunds for all orders.

6. Merchant D is re-evaluated for the time period 06/19 - 06/25.

7. Refund Ratio 30 Day is now = 12%

8. Refund Ratio 93 Day is now = 20%

9. For the time period 06/19-06/25, Merchant D's Refund rate increased and is now extremely high.

10. Merchant D is now at a risk of suspension.

附录 1.7 Prohibited items(禁售商品)

Every Wish seller is responsible for following the laws that apply to you, your shop and your items, including any shipping restrictions for your items.

There are some types of items that we don't allow on Wish's platform, even if they are legal and otherwise meet Wish's selling criteria. Some things just aren't in the spirit of Wish. The following types of items may not be listed on Wish:

- Counterfeit products: Learn More
- Items whose copyright you do not own or hold (copyrighted to someone else)
- Services: Any service that does not yield a new, tangible, physical item
- Virtual goods and digital goods: items that are not tangible or must be delivered electronically
- Gift cards, physical or digital
- Alcohol
- Tobacco and other smokeable products including electronic cigarettes
- Lighters
- Dangerous chemicals: Learn more
- Medications and treatments: Learn more
- Piercing gun and tattoo gun
- Bike and motorcycle helmet
- Drugs, medical drug claims about an item, drug paraphernalia
- Live animals, illegal animal products
- Plant seeds
- Human remains or body parts (excluding hair and teeth)
- Pornography or adult/sexually explicit/obscene material
- Firearms and/or weapons
- Child carseat, child harness, and recalled toys.
- Nudity
- Contact lenses
- Hoverboards
- Trick candles
- Hate crime and items or listings that promote, support or glorify hatred toward or otherwise demean people based upon: race, ethnicity, religion, gender, gender identity, disability, or sexual orientation; including items or content that promote organizations with such views

Please note that Wish serves an audience that may include children as young as 13 years of age. Products that may be inappropriate for children to view or buy are therefore not appropriate for Wish.

We reserve the right to remove products that we determine are not within the spirit of Wish. Such products will be removed from the site, and the merchant's selling privileges may be suspended and/or terminated.

Listings

All listings on Wish should be clear, accurate and detailed. Accurate photos, descriptions and listing information are critical to selling on Wish. Check out the Merchant FAQ for more information on how to upload your products. Keep these policies in mind as you list and describe your products:

- Listing descriptions and photos must accurately describe the item for sale so users know what is included in the purchase.
- You must be the copyright holder or licensed to sell the products you upload.
- A listing may not be created for the sole purpose of sharing photographs or other information with the community.
- A listing may not be created solely as an advertisement. This includes notices of sales or promotions in your shop.
- Items must not be listed as available for rental or lease.
- You may group items as a set into a single listing if the items are being sold and shipped together.
- All listings on Wish must be for a tangible object.
- You may not use Wish to direct shoppers to your own or another online selling venue to purchase the same items as listed in your Wish shop, as this may constitute fee avoidance. This includes posting links/URLs or providing information sufficient to locate the other online venue(s). Directing Wish buyers outside of Wish negates the merchant's partnership with Wish.
- If an item listing is removed due to counterfeit, you may not alter that product listing to a new item.
- A listing must not be conditional upon the purchase of another listing in your shop (for example: saying "this item may only be purchased along with another item in my shop" is not

allowed). This includes listings for item upgrades, shipping upgrades, and gift wrapping upgrades.

Listings that do not comply with Wish's policies may be removed from or suspended on Wish. Members who do not comply with Wish's policies may be subject to review, which can result in suspension of account privileges and/or termination.

Wish honors and protects third parties' intellectual property rights. The sale of counterfeit branded goods on Wish is strictly prohibited. It is your responsibility to ensure the products you do sell do not infringe any third party's legal rights.

附录 1.8　侵权商品

Products are considered 'counterfeit' if:

- They directly mimic or allude to an intellectual property.
- They are sold under a name that is identical or substantially indistinguishable from the owner's intellectual property.
- They contain images of celebrities or famous models.

Selling a product without the owner's knowledge and approval is strictly prohibited. Here are some examples of products that are considered to be counterfeit and are not allowed on Wish: For more examples, visit https://merchant.wish.com/listing-examples

1. No items that directly mimic a brand or logo:

If the item has a brand logo or a brand name on the product, such as D&G, Tommy Hilfiger, or Oakleys, then it is considered as counterfeit.

2. No items that look like a brand or logo:

Products using a logo that looks very similar to an existing brand is considered to be misleading customers into thinking they are buying that brand.

3. No items that have been visually altered to conceal the brand or logo:

Trademark items with obviously blurred areas or correction brush mark to conceal the brand are considered counterfeit. Product photos that contain brands in the background, blurred or not, is also considered counterfeit.

4. No items that mimic brand designs or patterns:

Some brands have subtle marks that define them. For example, shoes with red soles that differ from the color of the rest of the shoe are trademarked. Another example is that Levi's has trademarked their stitching and small red tag on the pocket. One more example is Burberry which has a trademarked checkered pattern. Items that mimic brand designs are considered counterfeit.

5. No items that are modeled by famous celebrities or models:

Items pictured with famous models or celebrities are considered to be counterfeit as many of these products are counterfeit versions of designer clothing worn by celebrities.

6. No items that display brand names in product photos:

Items using photos with their products photographed with designer boxes or on designer hangers are considered counterfeit since they give the buyer a false impression.

7. No items with blurred or covered faces.

The use of any photos from other websites, blogs, or sources that the merchant does own the rights to is strictly prohibited on Wish.

The following brands will be considered counterfeit unless the store provides proof they are legally allowed to sell it:

*The following brands list for reference only and is not exhaustive.

Abercrombie & Fitch

Adidas

Adler

Alberta Ferretti

Alberto Guardiani

Aldo

Alexander McQueen

Alexander Wang

Alice & Olivia

American Apparel

Armani

Armani Exchange

Asos

Aspinal of London

Atelier Versace

Aveda

Avon

Balenciaga

Balmain

Banana Boat

Banana Republic

Barbour

Bare Escentuals

BareMinerals

Barneys

BB Dokota

BCBG	BDG
birchbox	Birkenstock
Bobbi Brown	Bottega Veneta
Brian Atwood	Bulgari
Bumble & Bumble	Burberry
Burberry Prorsum	Burresi
Burt's Bees	Butter London
Bvlgari	Calvin Klein
Calvin Klein Jeans	Calvin Klein Underwear
Carla Zampatti	Carmex
Carolina Herrera	Cartier
Casio	Celine
Champneys	Chanel
chinese laundry	Chloé
Christian Cota	Christian Dior
Christian Louboutin	Claire's
Claire's Accessories	Clarins
Clarisonic	Clarks Village
Clinique	Coach
Coltorti	Comme Des Garcons
comptoir des cotonniers	Converse
Cortina Watch	Coster Diamonds
Costume National	Covergirl
creme de la mer	Cruciani
Cushnie et Ochs	D&G
d2jeans.com	Dainty Doll
Daisy Jewellery	Daisy Street Shoes
Daisystreet.co.uk	day birger et mikkelsen
De Beers	de Bijenkorf
de Grisogono	De Nicola

Dead Sea Spa
Debut at Debenhams
Delfina Delettrez
Denman
Der Töpferladen
Dermalogica
Desireclothing.com
Diane Von Furstenberg
Diecidecimi
Diesel
Dior Couture
DKNY
Dogeared
Dom & Ruby
DooRi
Doux Me Neroli
Dr Jart+
Dr Oliver
Dr Sebagh
Dries Van Noten
DV By Dolce Vita
E'Collezione
Edie Rose
Eickhoff
Elemis
Elie Saab
Elizabeth and James
Elle Macpherson Intimates
Elliot Rhodes
Emin And Paul

Debenhams
Decleor
Delphine Manivet
Departmentstore Quartier 206
Derek Lam
Designer Outlet Roermond
Diamond By Julien MacDonald
Dickson Watch & Jewellery
Diego Dolcini
Dior
Diptyque
Doc Martens
Dolce & Gabana
Donna Karan
Dorotheum Juwelier
Dr Hauschka
Dr Martens
Dr Perricone
Drake's Couture Lingerie
Dsquared2
DVF
Eckerle
Egyptian Magic
El Corte Inglés
Eleven Paris
Elie Saab Couture
Elizabeth Arden
Ellie Faas
Emilio Pucci
Eminence Organic Skincare

Emporio Armani	Emu
Emu Astralia	Enelle London
Energie	Enrapture
EpiCentre	Erdem
Eric Bompard	Erin Fetherston
Ermanno Scervino	Ermenegildo Zegna
Ernest Jones	Erotokritos
Escada	escentual.com
Espace Temps	esprit
Essie	Estée Lauder
Etam	Etro
Eucerin	evolvebeauty.co.uk
F Pinet	F&F at Tesco
F+F	Fabergé
Fabi	Fabriah.com
Falguni & Shane Peacock	Fashion-Conscience
FashionistA	Faust' Potions
FCUK	FDJ
Fearne Cotton For Very.co.uk	Feelunique.com
Felipe Oliveria Baptista	Fendi
Fenwick	Ferragamo
Figleaves	Filofax
Fiorelli	Fitriani
Fnac	Folli Follie
Forever 21	Fornarina
Fortnum & Mason	Franzen
Frédéric Bellulo	Frederic Fekkai
Free People	Freedom at Topshop
Freeport Outlet	French Connection
French Sole	Frette

Freya	FreyWille
Frizzoni	FrostFrench
Funkyleisure.co.uk	Furla
Fydor Golan	G Star
G-Star Raw	Galeria Kaufhof
Galibardy.com	Galizia
Gap	Gareth Pugh
Garnier	Gassan Diamonds
gentlebodycare.co.uk	Geo-skincare.co.uk
Georg Jensen	George at Asda
George AW12	GHD
Gherardini	Giambattista Valli
Gianfranco Ferré	Gianvito Rossi
Gigivintage	Gilan
Giles	Giles Deacon
Gilles Fine Jewellery	gillette
Giorgio Armani	Giorgio Armani Privé
Giovanni Galli	Giudecca 795 Art Gallery
Giuseppe Zanotti	Givenchy
Givenchy by Riccardo Tisci	Gizia
Globus	glossybox
Gobbi 1842	Goddiva
Goldheart	Görtz
Gossard	GrandOptical
Gucci	Gudrun
Guerlain	Guess
Guess by Marciano	Guinot
GUiSHEM	Guy Laroche
H By Hudson	H Samuel
h! by henry holland	H&M

Hackett
Hakaan
Hämmerle
Hanna Marie Hutchison
Has Halı
Hasan Hejazi
Hausmann
Havaianas
Havianas
Hawes & Curtis
Heathcote & Ivory
Heavenly Oils
hedonia
Hei Poa
Heinemann Duty Free
Hellmann Mens Wear
Hello Kitty
Hello Kitty For Liberty
Helmut Lang
Hemtex
Henleys
Henry Holland
Herbal Essences
Hermès
Hersheson
Hervé Chapelier
Herve L Leroux
Herve Leger by Max Azria
Herzo
Hestermann & Sohn
Heyraud
Hobbs Cashmere
Holland International Canal Cruises
Hollister
Holmes & Yang
Hoola
Hotiç
House Of Dereon
House of Fraser
House of Harlow 1960
House Of Holland
House Of Holland, Christopher Kane
House of Hung
Howick
HQHair
Hublot
Hübner
Hudson
Hugo Boss
Igor Chapurin
Il Bisonte
Il Giglio
Il Gufo
Illamasqua
Incase Designs Corp. (“Incase”)
Internacionale
Intersport
Intraceuticals
Isabel Marant
Isabella Oliver

Issey Miyake	İstinye Park
İtalgold	Itsvintagedarling
Izabel London	J Brand
J By Jasper Conran	J Crew
J Mendel	J.W.Anderson
J’Aton Couture	Jacqueline Nerguizian
Jacques Azagury	Japonesque
Jason Wu	JD Sports
Jean Charles De Castelbajac	Jean Desses
Jean Michel Cazabat	Jeffrey Campbell
Jelly Pong Pong	Jellycat
Jemma Kidd	Jennewein Pure Sports
Jergens	Jewellery City
Jewellery Time 2011	Jexika
Jil Sander	Jimmy Choo
JK Jemma Kidd	Jo Hansford
Jo Malone	Joanne Stoker
John Frieda	John Galliano
John Paul Gaultier	Joico
JonesandJonesfashion	Joomi Lim
Jouer	Joules
Joux Joux	Jovonnista
Juan Carlos Obando	Judith Leiber
Juicy Couture	Julian J Smith
Julie Haos	Julien MacDonald
Jun Ashida and Tae Ashida	Juppen
Jurlique	Just Cavalli
JW Anderson	K by Karl Lagerfield
Kalogirou	Kandee
Kangol	KappAhl

Kardashian Kollection	Karl Lagerfeld
Karstadt	Kate Moss For Topshop
Kate Sheridan	Kate Spade
katharine hamnett	Katherine Hooker
Kaufman Franco	Keds
Kekäle	Kenneth Cole
Kenzo	kerastase
Kerstin Florian	Kettle & Kotch
Kiehl's	KIKO
Kimchi & Blue	Kipling
Kiton	Kleshna
Klorane	Klutch It by Kele
Knize	Koffer Klein
Konen	Konstantino jewellery
Kooijman Souvenirs & Gifts	Kookai
Koton	Kryolan
Krystof Strozyna	kuccia
KUL-T	Kwanpen
L.A.M.B	L.K Bennett
L'Occitaine	L'Oreal
L'Oreal Paris	L'Oreal Professionnel
L'Wren Scott	L'Agence
L'Occitane	L'Oréal
L'Wren Scott	La Clef des Marques
La Gare 24	La maison de l'Astronomie
La Mer	La Moda
La Perla	La Redoute
la Rinascente	La Roche-Posay
La Scala Shop	La Senza
Lacoste	Lacura

Lanc
Lancôme
Lanidor
Lanolips
Lanvin
Laqa & Co
Lara Bohnic
LaRare
Laura Mercier
Lavish Alice
Lazy Lu
LBC Home
LC Waikiki
Le Grand Bazar
Le Tanneur
Lefranc Ferrant
Leica Stores Germany
Leila Shams
Leistenschneider
Leo & Chloe
Lepel
LES AMBASSADEURS
Les Néréides
Levi's
Liberty of London
Lidl
LifeFactory, Inc. ("LifeFactory")
Lierac Paris
Lindex
Linea
Linea Murano Art
Links of London
LINLEY
linzi shoes
Lipstick Queen
Lipsy
Littleblackdress.co.uk
Littlewoods
Liu Jo
Liz Earle
LK Bennett
Lladró
Lock & Co
Loden-Frey
Loden-Plankl
Loewe
Lola & Grace
Lola Rose
Longchamp
Lookfantastic
Lord & Berry
Lorella
Lorena Sarbu
Loriblu
Loro Piana
Lorraine Schwartz
Louis Vuitton
Love Moschino
Lovethybag
Ludwig Beck

Luella	Luisa Beccaria
Lulu & Co	Lulu Frost
Lyn Devon	Magpul Industries Corp. ("Magpul")
M-Boxi	M&Co
M&S	MAC
Macy's	Madewell
Maison de Bonneterie	Maison Martin Margiela
Malloni	Mama Mio
Mandalay	Mango
Manolo Blahnik	Mappin & Webb
Marc By Marc Jacobs	Marc Jacobs
Marchesa	Marios Schwab
Marithé + François Girbaud	Matrix Essentials
Max Azria	Max Mara
Max&Co.	Maxfactor
Maxim	MaxMara
Maybelline	McQ by Alexander Mcqueen
Meadham Kirchhoff	Media Markt
MEDIMAX	Michael Kors
Michael Van Der Ham	Mientus
Miguelina	mih jeans
Milly	Minkpink
Minnetonka	missguided.co.uk
Missoni	Mitsukoshi
Miu Miu	Moda Galleria
Moda in Pelle	Moda Kamppi
Modalu	Modehaus Marion Heinrich
Model Co.	Moet & Chandon
Monet	Monique Lhuillier
Monolo Blahnik	Montblanc

Mop C-System
Moreschi
Moschino
Moser | Luxury Bohemian Crystal
Motel at Topshop
Motonet
MQT Jeans
MUA
Mugler
Mulberry
MultiOpticas
Muoti Moda
Murphy&Nye
My-Wardrobe.com
Myfaceworks
Myla
Myslbek Shopping Gallery
Mytights.com
MYZONE
N15
Naeem Khan
Nail Couture LA
Nails Inc.
Narciso Rodriguez
Nars
Neal And Wolf
Necklaces
Nelly.com
Net a Porter
NetWork
Neurotica
Nike
Nina Ricci
Nine West
Nip + Fab
Nivea
NKO Cashmere
nOir
Nordstorm
Notforponies.co.uk
notosgalleries
Notte By Marchesa
Nubar
Nutmeg's Jewellery
Nuxe
NW3 by Hobbs
Nyla
NYLA Boutique
NYX
O.P.I
O'Neill
Oasis
Oberpollinger
Obscure Couture
Odalisque
Oday Shakar
Odd Molly
Odeon
Off Dutee
Oger

Ojon
Olay
Olcay Gulsen
Ole Henriksen
Oli.co.uk
OMEGA
Omo by Norma Kamali
On Pedder
Opening Ceremony
OPI
Optrex
Ora Kessaris
Orion
Orly
Orologeria Luigi Verga
Oscar De La Renta
Oscar Jacobson
Osis
Osman Yousefzada
Ossie Clark
Outletcity Metzingen
Oxfam
P J By Peter Jensen
Paco Rabanne
Palmers
Pantene
Paraboot
Paris Miki
Passionata
Paul Mitchell
Paulene Trigere
Pedro del Hierro
Pedro Lourenco
Peek & Cloppenburg
Peng Kwee Watches & Jewellery
Penhaligon's
Penny Boutique
Pepe Jeans
Per Una
Per-fekt
Percy & Reed
Perfumery Regia
Peridot London
Perricone MD
Pharmacie Chaussée d'Antin
Pharmacie Monge
Pharmacie RER Port-Royal
Phase Eight
Phillip Lim
Pied A Terre
Pierre Hardy
Pimkie
Pink Label London
Pinko
Pisa Orologeria
Pistol Panties
Piumelli
Pixmania
POHLAND
polo ralph lauren

Poltock & Walsh	Popcouture.co.uk
Popp & Kretschmer	Porsche Design
Porsche Museum Shop	Ports 1961
Prada	Precis Petite
Pretaportobello.com	Prettylittlething.com
Primakr	Primark. H&M
Pringle of Scotland	Printmonkey
Proenza Schouler	Pronovias
Pucci	Pull & Bear
Puma	Punky Allsorts
Pussy Willow	Quicksilver
Quintana Couture	Quintessentially Travel
QVC	Rachel Gilbert
Rachel Roy	Rag & Bone
Ralph Lauren	Rare London
Rare Zach	Raspini
Ray-Ban	Rayban
Re Mishelle	Rebecca Minkoff
Rebecca Taylor	Rebel Nails
Redken	Reebok
Reem Acra	Regal Rose
Revlon	Reypenaer Proeflokaal
RI Roksanda Ilincic	Rigby & Peller
Rimmel	Rimmel London
Rise Fashion	River Island
RM Trading	RMK
Robert Clergerie	Robert Rodriguez
Roberta By Olivia Palermo	Roberto Botticelli
Roberto Cavalli	Rocha. John Rocha
Rochas	Rochester Big & Tall

Rocket Dog	rockmyvintage
Rodarte	Rodial
Rolex	Roxy
Runway Route	Saint Laurent
Salone del Mobile	Salvadori
Salvatore Ferragamo	Sam Edelman
Samantha Thavasa	Samsung
Samsonite	Samy Fat
Sass & Bide	Satori
Schaap en Citroen	Schlichting
Schnitzler Perfumery	Schuh
Schustermann & Borenstein	Schwarzkopf Professional
See By Chloe	Selfridges
Sephora	Sergio Rossi
Serravalle Designer Outlet	Sessun
Shavata	Shellac
Shoedazzle	Shoediction
Shu Uemura	Sienna X
Silence + Noise	Silkit
Silly Bandz	Simeon Farrar
Simin	Simon Spurr
Simone Rocha	Simonetta Ravizza
Sincere Fine Watches	SK-II
SkinCeuticals	Smashbox
Soratte Outlet Shopping	Spagnoletto
Sportarena	Sporthaus Münzinger
Sporthaus Schuster	sportmax
St Pancras International	St. Tropez
Stadt-Parfümerie Pieper	Star By Julien MacDonald
Steamcream	Stella McCartney

stephane rolland
Steve Madden
Stila
Stuart Weitzman
Stylistpick.com
Sunglass Hut
Superdry
Swatch
T By Alexander Wang
T Ristori
T.M.Lewin
TAG Heuer
Temperley London
Thakoon
The Beauty Works
The Beauty Works Ltd
The Body Shop
The North Face
The Outnet
The Row
The Sanctuary
theoutnet.com
Thomas Pink
Tibi
Tiffany & Co
tightsplease.co.uk
TIGI
Timberland
TK Maxx
Tod's
Tom Ford
Tommy Hilfiger
Toms
Toni & Guy
Too Faced
Topshop
Topshop Boutique
Topshop Limited Edition
Topshop Makeup
Topshop Unique
Tory Burch
TRESemmé
Triumph Essence
Tru Trussardi
Trussardi
Trussardi Jeans
TU at Sainsbury's
TW Steel
Tweezerman
Tweezers With Attitude
Twenty8Twelve
Twitter
Tyco International (Including "Sensormatic")
Ugg
Uniqlo
Urban Decay
Urban Outfitters
Valentino
Valentino Couture
Van Cleef & Arpels

Vans

Versace

Versace Gioielli

Victoria Victoria Beckham

Virgin Atlantic

Vita Liberata

Vivienne Westwood

Wildfox

Winter Kate

Wolford

Yves Rocher

Zac Posen

Zara

Vera Wang

Versace for H&M

Victoria Beckham

Victoria’s Secret

Vita Coco

vivaladiva.com

Wildfang

Windle & Moodie

Wöhrl

YSL

Yves Saint Laurent

Zandra Rhodes

附录 2　国际区号表

亚　洲			
国家或地区	代码	国家或地区	代码
马来西亚	0060	印度尼西亚	0062
菲律宾	0063	新加坡	0065
泰国	0066	文莱	00673
日本	0081	韩国	0082
越南	0084	朝鲜	00850
中国香港	00852	中国澳门	00853
柬埔寨	00855	老挝	00856
中国	0086	中国台湾	00886
孟加拉国	00880	土耳其	0090
印度	0091	巴基斯坦	0092
阿富汗	0093	斯里兰卡	0094
缅甸	0095	马尔代夫	00960
黎巴嫩	00961	约旦	00962
叙利亚	00963	伊拉克	00964
科威特	00965	沙特阿拉伯	00966
阿曼	00968	以色列	00972
巴林	00973	卡塔尔	00974
不丹	00975	蒙古	00976
尼泊尔	00977	伊朗	0098

续表一

欧　洲			
国家或地区	代码	国家或地区	代码
俄罗斯	007	希腊	0030
荷兰	0031	比利时	0032
法国	0033	西班牙	0034
直布罗陀	00350	葡萄牙	00351
卢森堡	00352	爱尔兰	00353
冰岛	00354	阿尔巴尼亚	00355
马耳他	00356	塞浦路斯	00357
芬兰	00358	保加利亚	00359
匈牙利	00336	德国	00349
南斯拉夫	00338	意大利	0039
圣马力诺	00223	梵蒂冈	00396
罗马尼亚	0040	瑞士	0041
列支敦士登	004175	奥地利	0043
英国	0044	丹麦	0045
瑞典	0046	挪威	0047
波兰	0048		

非　洲			
国家或地区	代码	国家或地区	代码
埃及	0020	摩洛哥	00210
阿尔及利亚	00213	突尼斯	00216
利比亚	00218	冈比亚	00220
塞内加尔	00221	毛里塔尼亚	00222
马里	00223	几内亚	00224
科特迪瓦	00225	布基拉法索	00226
尼日尔	00227	多哥	00228
贝宁	00229	毛里求斯	00230
利比里亚	00231	塞拉利昂	00232
加纳	00233	尼日利亚	00234

续表二

非　洲			
国家或地区	代码	国家或地区	代码
乍得	00235	中非	00236
喀麦隆	00237	佛得角	00238
圣多美	00239	普林西比	00239
赤道几内亚	00240	加蓬	00241
刚果	00242	扎伊尔	00243
安哥拉	00244	几内亚比绍	00245
阿森松	00247	塞舌尔	00248
苏丹	00249	卢旺达	00250
埃塞俄比亚	00251	索马里	00252
吉布提	00253	肯尼亚	00254
坦桑尼亚	00255	乌干达	00256
布隆迪	00257	莫桑比克	00258
赞比亚	00260	马达加斯加	00261
留尼旺岛	00262	津巴布韦	00263
纳米比亚	00264	马拉维	00265
莱索托	00266	博茨瓦纳	00267
斯威士兰	00268	科摩罗	00269
南非	0027	圣赫勒拿	00290
阿鲁巴岛	00297	法罗群岛	00298
北　美　洲			
国家或地区	代码	国家或地区	代码
美国	001	加拿大	001
中途岛	001808	夏威夷	001808
威克岛	001808	安圭拉岛	001809
维尔京群岛	001809	圣卢西亚	001809
波多黎各	001809	牙买加	001809
巴哈马	001809	巴巴多斯	001809
阿拉斯加	001907	格陵兰岛	00299

续表三

南　美　洲			
国家或地区	代码	国家或地区	代码
福克兰群岛	00500	伯利兹	00501
危地马拉	00502	萨尔瓦多	00503
洪都拉斯	00504	尼加拉瓜	00505
哥斯达黎加	00506	巴拿马	00507
海地	00509	秘鲁	0051
墨西哥	0052	古巴	0053
阿根廷	0054	巴西	0055
智利	0056	哥伦比亚	0057
委内瑞拉	0058	玻利维亚	00591
圭亚那	00592	厄瓜多尔	00593
法属圭亚那	00594	巴拉圭	00595
马提尼克	00596	苏里南	00597
乌拉圭	00598		
大　洋　洲			
国家或地区	代码	国家或地区	代码
澳大利亚	0061	新西兰	0064
关岛	00671	科科斯岛	006722
诺福克岛	006723	圣诞岛	006724
瑙鲁	00674	汤加	00676
所罗门群岛	00677	瓦努阿图	00678
斐济	00679	科克群岛	00682
纽埃岛	00683	东萨摩亚	00684
西萨摩亚	00685	基里巴斯	00686
图瓦卢	00688		

附录 3　Wish 到达的国家和地区

中英文对照表

序号	英文	中文	英文	中文
1	Afghanistan	阿富汗	Barbados	巴巴多斯岛
2	Albania	阿尔巴尼亚	Belarus	白俄罗斯
3	Algeria	阿尔及利亚	Belgium	比利时
4	American Samoa	美属萨摩亚群岛	Belize	伯利兹
5	Andorra	安道尔共和国	Benin	贝宁湾
6	Angola	安哥拉	Bermuda	百慕大群岛
7	Anguilla	安圭拉岛	Bhutan	不丹
8	Antarctica	南极洲	Bolivia	玻利维亚
9	Antigua＆Barbuda	安提瓜和巴布达	Bosnia and Herzegovina	波斯尼亚和黑塞哥维那
10	Argentina	阿根廷	Botswana	博茨瓦纳
11	Armenia	亚美尼亚	Bouvet Island	布维岛
12	Aruba	阿鲁巴岛	Brazil	巴西
13	Australia	澳大利亚	British Indian Ocean Territory	英属印度洋领地所属国家
14	Austria	奥地利	Brunei Darussalam	文莱达鲁萨兰国
15	Azerbaijan	阿塞拜疆	Bulgaria	保加利亚
16	Bahama	巴哈马	Burkina Faso	布基纳法索
17	Bangladesh	孟加拉共和国	Burundi	布隆迪
18	Cambodia	柬埔寨	Denmark	丹麦
19	Cameroon	喀麦隆	Djibouti	吉布提
20	Canada	加拿大	Dominica	多米尼克国
21	Cape Verde	佛得角共和国	Dominican Republic	多米尼加共和国
22	Cayman Islands	开曼群岛	East Timor	东帝汶岛
23	Central African Repubic	中非共和国	Ecuador	厄瓜多尔
24	Chad	乍得	Egypt	埃及
25	Chile	智利	El Salvador	萨尔瓦多
26	Christmas Island	圣诞岛	Equatorial Guinea	赤道几内亚
27	Cocos(Keeling)Islands	科科斯群岛	Eritrea	厄立特里亚

续表一

序号	英文	中文	英文	中文
28	Colombia	哥伦比亚	Estonia	爱沙尼亚
29	Comoros	科摩罗	Ethiopia	埃塞俄比亚
30	Congo	刚果	Falkland Islands (Malvinas)	福克兰群岛(玛尔维娜岛屿)
31	Cook Islands	库克群岛	Faroe Islands	法罗群岛
32	Costa Rica	哥斯达黎加	Fiji	斐济
33	Croatia	克罗地亚	Finland	芬兰
34	Cuba	古巴	France	法国
35	Cyprus	塞浦路斯	France:Metropolitan	法属美特罗伯利坦
36	Czech Republic	捷克斯洛伐克	French Guiana	法属圭亚那地区
37	French Polynesia	法属波里尼西亚	Honduras	洪都拉斯
38	French Southern Territories	法国南部领土	Hong Kong	香港
39	Gabon	加蓬	Hungary	匈牙利
40	Gambia	冈比亚	Iceland	冰岛
41	Georgia	格鲁吉亚	India	印度
42	Germany	德国	Indonesia	印度尼西亚共和国
43	Ghana	加纳	Iraq	伊拉克共和国
44	Gibraltar	直布罗陀	Ireland	爱尔兰
45	Greece	希腊	Islamic Republic Of Iran	伊朗伊斯兰共和国
46	Greenland	格陵兰	Israel	以色列
47	Grenada	格林纳达	Italy	意大利
48	Guadeloupe	瓜德罗普岛	Ivory Coast	科特迪瓦
49	Guam	关岛	Jamaica	牙买加
50	Guatemala	危地马拉	Japan	日本
51	Guinea	几内亚	Jordan	约旦
52	Guinea-Bissau	几内亚比绍	Kazakhstan	哈萨克斯坦
53	Guyana	圭亚那	Kenya	肯尼亚
54	Haiti	海地	Kiribati	基里巴斯
55	Heard & McDonald Islands	赫德岛和麦克唐纳群岛	Korea:Democratic People's Republic of	朝鲜
56	Korea: Republic of	韩国	Mali	马里
57	Kuwait	科威特	Malta	马耳他
58	Kyrgyzstan	吉尔吉斯斯坦	Marshall Islands	马绍尔群岛

续表二

序号	英文	中文	英文	中文
59	Lao People's Democratic Republic	老挝	Martinique	马提尼克
60	Latvia	拉脱维亚	Mauritania	毛利塔尼亚
61	Lebanon	黎巴嫩	Mauritius	毛里求斯
62	Lesotho	莱索托	Mayotte	马约特岛
63	Liberia	利比里亚	Mexico	墨西哥
64	Libyan Arab Jamahiriya	阿拉伯利比亚民众国	Micronesia	密克罗尼西亚
65	Liechtenstein	列支敦士登	Moldova:Republic of	摩尔多瓦
66	Lithuania	立陶宛	Monaca	莫纳卡
67	Luxembourg	卢森堡	Mongolia	蒙古
68	Macau	澳门	Monserrat	蒙特塞拉特
69	Macedonia	马其顿	Morocco	摩洛哥
70	Madagascar	马达加斯加岛	Mozambique	莫桑比克
71	Mainland China	中国大陆	Myanmar	缅甸
72	Malawi	马拉维	Namibia	纳米比亚
73	Malaysia	马来西亚	Nauru	瑙鲁
74	Maldives	马尔代夫	Nepal	尼泊尔
75	Netherlands	荷兰	Pitcairn	皮特开恩
76	Netherlands Antilles	荷属安的列斯群岛	Poland	波兰
77	New Caledonia	新喀里多尼亚	Portugal	葡萄牙
78	New Zealand	新西兰	Puerto Rico	波多黎各
79	Nicaragua	尼加拉瓜	Qatar	卡塔尔
80	Niger	尼日尔	Reunion	留尼旺
81	Nigeria	尼日利亚	Romania	罗马尼亚
82	Niue	纽埃岛	Russia	俄罗斯
83	Norfolk Island	诺福克	Rwanda	卢旺达
84	Northern Mariana Islands	北马里亚纳群岛	Saint Lucia	圣卢西亚
85	Norway	挪威	Samoa	萨摩亚群岛
86	Oman	阿曼	San Marino	圣马力诺
87	Pakistan	巴基斯坦	Sao Tome＆Principe	圣多美和普林西比
88	Palau	帕劳	Saudi Arabia	沙特阿拉伯
89	Panama	巴拿马	Senegal	塞内加尔
90	Papua New Guinea	巴布亚新几内亚	Serbia	塞尔维亚
91	Paraguay	巴拉圭	Seychelles	塞舌尔

续表三

序号	英文	中文	英文	中文
92	Peru	秘鲁	Sierra Leone	塞拉利昂共和国
93	Philippines	菲律宾	Singapore	新加坡
94	Slovakia	斯洛伐克	Taiwan	台湾
95	Slovenia	斯洛文尼亚	Tajikistan	塔吉克斯坦
96	Solomon Islands	所罗门群岛	Tanzania:United Republic of	坦桑尼亚联合共和国
97	Somalia	索马里	Thailand	泰国
98	South Africa	南非	Togo	多哥
99	South Georgia and the South Sandwich Islands	南乔治亚岛与南桑威奇群岛	Tokelau	托克劳
100	Spain	西班牙	Tonga	汤加王国
101	Sri Lanka	斯里兰卡	Trinidad＆Tobago	特立尼达和多巴哥共和国
102	St.Helena	圣赫勒拿岛	Tunisia	突尼斯
103	St.Kitts and Nevis	圣基茨和尼维斯联邦	Turkey	土耳其共和国
104	St.Pierre＆Miquelon	圣皮埃尔和密克隆	Turkmenistan	土库曼斯坦
105	St.Vincent＆the Grenadines	圣文森特和格林纳丁斯	Turks＆Caicos Islands	特克斯和凯科斯岛
106	Sudan	苏丹	Tuvalu	图瓦卢
107	Suriname	苏里南	Uganda	乌干达
108	Svalbard & Jan Mayen Islands	斯瓦尔巴群岛和扬马延岛	Ukraine	乌克兰
109	Swaziland	斯威士兰	United Arab Emirates	阿拉伯联合酋长国
110	Sweden	瑞典	United Kingdom(Great Britain)	英国
111	Switzerland	瑞士	United States	美国
112	Syrian Arab Republic	阿拉伯叙利亚共和国	United States Minor Outlying Islands	美属边疆群岛
113	Uruguay	乌拉圭	Virgin Islands,U.S.	美属维尔京群岛
114	Uzbekistan	乌兹别克斯坦	Wallis＆Futuna Islands	瓦利斯和富图纳群岛
115	Vanuatu	瓦努阿图	Western Sahara	西撒哈拉
116	Vatican City State(Holy See)	梵蒂冈	Yemen	也门
117	Venezuela	委内瑞拉	Zaire	扎伊尔
118	Vietnam	越南	Zambia	赞比亚
119	Virgin Islands,British	英属维尔京群岛	Zimbabwe	津巴布韦

附录 4　服装类专业术语的中英文对照

modeling　服装造型

silhouette　服装轮廓

design drawing　款式设计图

effect drawing　服装效果图

cutting drawing　服装裁剪图

structure line　服装结构线

zhongshan coat collar　中山服领

pointed collar；peaked collar　尖领

shirt collar　衬衫领或衬衣领

sleeve　袖子

sleeve opening　袖口

collar　衣领

structure　结构；构造

effect　外观；声响；印象；效果

cuff　袖头，指装袖头的小袖口

elastic cuff　橡皮筋袖口

rib-knit cuff　罗纹袖口

double cuff；French cuff；tumup-cuff；fold-back cuff　双袖头

sleeve slit　袖开衩

sleeve placket　袖衩条

top sleeve　大袖；外袖

under sleeve　小袖；内袖或里袖

insert pocket　插袋

patch pocket　贴袋

insert pocket　开袋

double welt pocket　双嵌线袋

single welt pocket　单嵌线袋

card pocket　卡袋

breast pocket　手巾袋

glasses pocket　眼镜袋

zigzag inside pocket　锯齿形里袋

patch pocket with flap　有盖贴袋

bellows pocket　吊袋

accordion pocket　风琴袋

inverted pleated pocket　暗裥袋

box pleated pocket　明裥袋

inside pocket　里袋

collar tab　领袢

hanger loop　吊袢

shoulder tab；epaulet　肩袢

sleeve tab　袖袢

waist tab　腰袢

round collar　圆角领

shawl collar　青果领

swallow collar；wing collar　燕子领

convertible collar　两用领，也叫开关领

lotus leaf collar　荷叶边领

square collar　方领

mandarin collar　中式领

stand collar；Mao collar　立领

round neckline　圆领口

square neckline　方领口

boat neckline　一字领口

neckline；off neckline；sweetheart neckline；heart shaped neckline　鸡心领口

collar stand；collar band　底领

lapel　翻领

fold line of collar　领上口

under line of collar　领下口

top collar stand　领里口

collar edge　领外口

set-in sleeve　圆袖

raglan sleeve　连袖

split raglan sleeve　前圆后连袖

shirt sleeve　衬衫袖

raglan sleeve　连肩袖

flare sleeve；trumpet sleeve　喇叭袖

puff sleeve　泡泡袖

lantern sleeve；puff sleeve　灯笼袖

batwing sleeve　蝙蝠袖

petal sleeve　花瓣袖

waistbelt；waistband　腰带

french tack　线袢

facing　挂面

flange　耳朵皮

binding　滚条

tuck　塔克

flap　袋盖

shoulder seam　肩缝

notch　领嘴

front fly；top　门襟

under fly　里襟

front edge　止口

overlap　搭门

button-hole　扣眼

button-hole space　　眼距

armhole　　袖孔

lapel　　翻领

notch lapel　　平驳头

peak lapel　　戗驳头

bust　　胸围

waist(衣服的)　　腰部；腰

side seam　　摆缝

hem　　下摆，指衣服下部的边沿部

gorge line　　串口

fold line for lapel　　驳口

front cut　　止口圆角

button position　　扣位，纽扣的位置

front yoke　　前过肩

neck dart　　领省，指在领窝部位所开的省道

style　　样式；款式

bias strip　　滚边

band　　压条

interlining　　衬布

front interlining　　前身衬

bust dart　　前肩省

pocket dart　　肋省

front waist dart　　前腰省

side dart　　横省

single breasted　　单排扣

double breasted　　双排扣

closure　　(锁眼的衣片)门襟

under fly　　(钉扣的衣片) 里襟

front edge　　门襟止口

placket　　门襟翻边

buttonhole 扣眼

buttonhole spacing 眼距

mock button hole 假眼

button loop 滚眼

button placement 扣位

lustrine 绡

jacquard 提花

burnt-out 烂花

pongee 春亚纺

check 格子

stripe 条子

double-layer 双层

two-tone 双色

faille 花瑶

koshibo 高士宝

chiffon 雪纺

georgette 乔其

taslon 塔丝隆

jeanet 牛仔布

oxford 牛津布

cambric 帆布

P/C 涤棉

T/R 涤捻

white stripe 白条纺

blackstripe 黑条纺

empty stripe 空齿纺

peach skin 水洗绒/桃皮绒

peach twill 卡丹绒

peach moss 绉绒

organdy 玻璃纱

polyester　涤纶

nylon/polya mide　锦纶

cotton　棉

rayon　人棉

viscose　人丝

imitated silk fabric　仿真丝

silk　真丝

spandex/elastic/strec/lycra　氨纶

filament　长丝

fabric　面料

satin/charmeuse　缎面

twill　斜纹

taffeta　平纹

lining　里料

polyester fiber　聚酯纤维

参 考 文 献

[1] 肖旭. 跨境电商实务. 北京：中国人民大学出版社，2015.

[2] 中国国际贸易学会商务专业培训考试办公室. 跨境电商英语教程[M]. 北京：中国商务出版社出版，2016.

[3] 翁晋阳，MARK，等. 再战跨境电商[M]. 北京：人民邮电出版社，2015.

[4] 雨果网. http://www.cifnews.com.

[5] 递四方. http://express.4px.com.

[6] 1688. http://page.1688.com.

[7] Wish 商户平台. https://merchant.wish.com.

[8] 卖家网 Wish 数据. http://www.maijia.com/wish.

[9] 店小秘. https://www.dianxiaomi.com.

[10] 海鹰数据. http://www.haiyingshuju.com.

[11] 燕文. https://www.yw56.com.cn.

[12] Paypal. https://www.paypal.com.

[13] Pingpong. https://www.pingpongx.com.

[14] Wish 电商学院. Wish 官方运营手册：开启移动跨境电商之路[M]. 北京：电子工业出版社，2019.